Über den Zweiten Hauptsatz der Thermodynamik irreversibler Prozesse

Vom Fachbereich Verfahrenstechnik
der Technischen Universität Berlin
zur Verleihung der venia legendi
für das Lehrgebiet

Thermodynamik

genehmigte Habilitationsschrift

vorgelegt von

Mag.rer.nat.Dr.sc.techn.Jürgen Keller

aus Graz

Vorsitzender: Professor Dr.rer.nat.H.Meier zu Köcker
Referenten : Professor Dr.rer.nat.H.Knapp
Professor Dr.rer.nat.W.Muschik

Tag der Habilitation: 18.12.1974
Berlin 1974
D83

Inhaltsverzeichnis

Zusammenfassung

Es wird ein kritischer Überblick über die Verwendung des 2. Hauptsatzes der Thermodynamik in den heute vorliegenden Kontinuumstheorien der Vorgänge in Materie gegeben.
Danach wird eine neue Thermodynamik der Vorgänge für fluide Medien mit einer Phase und n Komponenten entwickelt und an zwei Spezialfällen diskutiert. Die Theorie stützt sich wesentlich auf physikalisch begründete Begriffe der Entropie und des Entropiestroms eines thermodynamischen Systems, welches sich in einem Nichtgleichgewichtszustand befindet.
Einige allgemeine Eigenschaften der Materialgleichungen thermodynamischer Systeme werden angegeben und diskutiert. Ferner wird gezeigt, daß die Theorie die klassische Thermodynamik der irreversiblen Prozesse als Spezialfall enthält.

Überblick

Will man Vorgänge in der Materie nicht durch eine statistisch-molekulare sondern durch eine Kontinuumstheorie beschreiben, so stehen einem zunächst die allgemein gültigen Erhaltungsprinzipien wie etwa das Prinzip von der Massenerhaltung oder das Energieprinzip zur Verfügung. Diese Prinzipien reichen aber im allgemeinen nicht aus, um alle in ihnen vorkommenden Größen zu bestimmen. Man muß also weitere Beziehungen entwickeln. Diese sollten in physikalischer Hinsicht im Gegensatz zu den Erhaltungssätzen auch die <u>stofflichen</u> Eigenarten der betrachteten Materie enthalten, also für Wasser, Luft oder Öl verschieden aussehen oder zumindest verschiedene Materialkoeffizienten enthalten. Ferner sollten diese Beziehungen in mathematischer Hinsicht die Erhaltungssätze zu einem <u>vollständigen</u> Gleichungssystem für alle in ihnen enthaltenen Größen ergänzen. Diese Beziehungen werden heute allgemein als Materialgleichungen (constitutive equations) bezeichnet. Ihre physikalische Begründung und mathematische Struktur ist heute Gegenstand zahlreicher Arbeiten zur Thermodynamik der irreversiblen Prozesse bzw. zur Kontinuumsphysik der Vorgänge in Materie. In fast allen heute vorliegenden Theorien spielt nun ein Satz der Thermodynamik bei der Aufstellung der Materialgleichungen eine besondere Rolle: der Zweite Hauptsatz. Dies wird in der Einleitung der vorliegenden Arbeit erläutert. Insbesondere werden dort die verschiedenen Formulierungen dieses Satzes, wie sie in den wichtigsten heute vorliegenden Kontinuumstheorien der Vorgänge, nämlich der klassischen Thermodynamik der irreversiblen Prozesse, den nichtlinearen Feldtheorien der Mechanik und Thermodynamik und der Entropiefreien Thermodynamik der Vorgänge verwendet werden, angeführt und diskutiert. Danach wird versucht, eine neue Thermodynamik der Vorgänge zu entwickeln. Dies geschieht in Anlehnung an die klassische Thermodynamik der irreversiblen Prozesse aber unter Vermeidung gewisser problematischer, nämlich physikalischer unbefriedigender Postulate dieser Theorie.

Zunächst wird ausgehend von einer ursprünglich von Clausius angegebenen integralen Formulierung des 2. Hauptsatzes der Thermodynamik und gewisser Annahmen über die Art der betrachteten Vorgänge die folgende Ungleichung abgeleitet (vgl.(1.7)):

$$(*) \qquad \int_{-\infty}^{\infty} \left\{ \dot{s}_N + \frac{1}{\varrho} \partial_\alpha J_{N\alpha} \right\} dt \geq 0 \ldots \text{alle } (\underline{X}).$$

Hier bedeuten $s_N = s_N(\underline{x},t)$, $J_{N\alpha} = J_{N\alpha}(\underline{x},t)$, $\alpha = 1,2,3$ das Feld einer Nichtgleichgewichtsentropie bzw. eines Stromes dieser Größe. Ferner ist ϱ das Feld

der Massendichte, $\underline{x}$ ein Ortsvektor im Laborsystem, t die Zeit und $\underline{X}$ der Ortsvektor, den ein beliebiges Massenelement zu Beginn des Prozesses (t = $-\infty$) besaß. $(\partial_t = \partial/\partial t,\ \partial_\alpha = \partial/\partial x_\alpha)$.
Die obige Ungleichung gilt für jedes Massenelement. Zu ihrem Verständnis denke man sich die Ortsabhängigkeit der Felder s_N, $J_{N\alpha}$ und ϱ mit Hilfe der Bahnkurve $\underline{x} = \underline{x}\ (\underline{X},t)$ des betrachteten Massenelementes formal in eine Zeitabhängigkeit verwandelt!

Die Felder s_N und $J_{N\alpha}$ werden sodann physikalisch interpretiert und als materialabhängige Funktionale des im System ablaufenden "thermodynamischen Prozeß" angesehen. Unter dem "thermodynamischen Prozeß" verstehen wir dabei die Gesamtheit aller in den Erhaltungssätzen und den thermodynamischen Zustandsgleichungen der Materie enthaltenen Größen. Außerdem noch sogenannte dynamische Intensivparameter, nämlich die Temperatur der Translationsfreiheitsgrade der Moleküle eines Massenelementes und dazugehörige chemische Potentiale.

Auf Grund ihrer physikalischen Interpretation sind die Funktionale für s_N, $J_{N\alpha}$ nun keineswegs willkürlich wählbar. Sie unterliegen vielmehr einer Reihe von allgemeinen Bedingungen wie z.B. der Kausalitätsforderung oder der Zeit- und Raumtranslationsinvarianz. Durch diese Bedingungen wird die mathematische Struktur der Funktionale erheblich eingeschränkt.

In Kapitel 2 wird nun eine neue Thermodynamik der Vorgänge für ein fluides Mehrstoffsystem, welches unter dem Einfluß von äußeren Kräften stehen kann, entwickelt. Dazu werden zunächst die Erhaltungssätze und Bilanzgleichungen des Systems formuliert und die Funktionale für die Größen s_N und $J_{N\alpha}$ um einen "begleitenden Gleichgewichtszustand" entwickelt. Dabei beschränken wir uns auf solche Terme, die für thermostatisches Gleichgewicht von höchstens zweiter Ordnung verschwinden. Setzt man diese Reihenentwicklungen in den 2.Hauptsatz der Form (*) ein, so erhält man nach einigen Umformungen des Integranden mit den Erhaltungssätzen des Systems und nach Einführung einer sogenannten effektiven Temperatur und chemischer Potentiale eine Integralungleichung, deren Integrand als Summe aus Produkten von "thermodynamischen Flüssen und Kräften" im Sinne der klassischen Thermodynamik der irreversiblen Prozesse interpretiert werden kann. Diese Ungleichung, die sogenannte "Semipassivitätseigenschaft" des Systems, ist der Schlüssel zur Aufstellung der Materialgleichungen des Systems. Zu diesem Zweck werden die im "thermodynamischen Prozeß" für ein einzelnes Massenelement enthaltenen Größen in zwei Klassen eingeteilt. Die erste Klasse bildet die "Geschichte" des Systems und enthält alle unabhängig voneinander vorgebbaren Größen des Systems. Die Größen der zweiten Klasse werden als Funktionale bzw. Funktionen der "Geschichte" aufgefaßt. Damit erhält man zusätzlich zu den Bilanzgleichungen noch weitere Beziehungen zwischen den Größen des "thermodynamischen Prozesses". Diese Beziehungen liefern gerade die Materialgleichungen des Systems und ergänzen die Bilanzgleichungen zu einem vollständigen Gleichungssystem.

Die so gewonnenen Materialgleichungen werden in Kapitel 3 diskutiert. Zunächst geben wir einige allgemeine Bedingungen an, denen diese Beziehungen genügen müssen. Danach betrachten wir speziell die linearen Entwicklungen dieser Gleichungen und formulieren die Onsager-Casimir'schen-Reziprozitätsbedingungen für sie. Es zeigt sich nun, daß die Materialgleichungen unter gewissen Voraussetzungen an die Funktionale für die Nichtgleichgewichtsentropie s_N bzw. den Strom dieser Größe $J_{N\alpha}$ die Materialgleichungen der entropiefreien Thermodynamik der Vorgänge und auch die der Klassischen Thermodynamik der irreversiblen Prozesse als Spezialfälle enthält. Damit ist aber auch umgekehrt gezeigt, daß diese beiden Theorien nicht universell für Vorgänge in beliebigen fluiden Medien gelten können, sondern nur für spezielle Klassen von Vorgängen und Medien anwendbar sind.

Ferner wird gezeigt, daß für gewisse Klassen von (nicht linearen) Materialgleichungen aus dem Zweiten Hauptsatz (*) eine Clausius-Duhemsche Ungleichung gefolgert werden kann. Bei der Ableitung einer solchen Ungleichung wird ein vom Verfasser angegebener und bewiesener mathematischer Satz verwendet, der im Anhang zu dieser Arbeit noch näher erläutert wird.

In Kapitel 4 untersuchen wir schließlich noch zwei Spezialfälle des hier entwickelten thermodynamischen Formalismus, nämlich die reine Wärmeleitung in einem homogen und isotropen ruhenden Medium und die Diffusion und Wärmeleitung in einem fluiden Zweistoffsystem.
Im ersten Fall ergibt sich eine modifizierte Wärmeleitungsgleichung, die im Gegensatz zur gewöhnlichen Fourierschen Gleichung stets Temperaturleitungsvorgänge mit <u>endlicher</u> Ausbreitungsgeschwindigkeit beschreibt.
Im zweiten Beispiel ergeben sich verallgemeinerte Diffusions- und Wärmeleitungsgesetze deren experimentelle Relevanz bzw. Verifikation zur Zeit allerdings noch offen ist. Wir glauben aber begründete Hoffnung

dafür zu haben, daß diese Beziehungen bei Diffusions- und Wärmeleitungsvorgängen in Systemen, die sich lokal nicht mehr in einem thermostatischen Gleichgewichtszustand befinden - z.B. die Umgebung von Stoßwellen - von Nutzen sein werden.

Einleitung

Kaum eine Aussage der Theoretischen Physik ist in so manigfaltiger und verschiedener Weise formuliert und interpretiert worden wie der von R.Clausius [1] um 1850 entdeckte und um 1865 explizit ausgesprochene 2. Hauptsatz der Thermodynamik.
Kaum eine Aussage ist aber auch so tiefliegend und von so grundsätzlicher Bedeutung für die Physik der makroskopischen Gleichgewichts- bzw. Nichtgleichgewichtserscheinungen- d.h. für die Thermostatik bzw. die Thermodynamik der Vorgänge- wie eben dieser Satz. Seine Geschichte kann schlechthin als Geschichte dieser beiden Disziplinen der Theoretischen Physik bezeichnet werden.
Die neben der von Clausius gegebenen wichtigsten Formulierungen des 2. Hauptsatzes stammen von L.Boltzmann [2], Thomson, Planck [3] [4] und Caratheodory [5)-8]. Alle heute vorliegenden Formulierungen des 2. Hauptsatzes lassen sich klassifizieren, je nachdem sie im Rahmen einer atomistischen Theorie oder einer Kontinuumstheorie der Erscheinungen in Materie erfolgen und je nachdem ob sie sich auf Gleichgewichts- oder Nichtgleichgewichtszustände beziehen.

Wir betrachten im folgenden nur Kontinuumstheorien. Einer der grundlegenden Begriffe dieser Theorien ist der des "thermodynamischen Systems". Darunter verstehen wir nach Schottky [9] (S.5) ein System, welches mit seiner Umgebung nur dadurch in Wechselwirkung steht, daß es mechanische oder elektrische Arbeit, Masse und Wärme austauscht.

Der physikalische Kern des 2. Hauptsatzes der Thermodynamik ist ein Kriterium dafür, ob ein thermodynamisches System von einem vorgegebenen Gleichgewichtszustand A in einen anderen ebenfalls vorgegebenen Gleichgewichtszustand B übergeführt werden kann, ohne daß Änderungen in der Umgebung des Systems zurückbleiben.

Dieses Kriterium kann in 2 Schritten formuliert werden [10] (S.23, 27):

1) Jedes sich in einem Gleichgewichtszustand (A) befindliche thermodynamische System besitzt eine Zustandsgröße: die Entropie. Sie ist definiert durch

$$S(A) = S(Z_0) + \int_{Z_0}^{A} \frac{\delta Q_{rev.}}{T} \,. \qquad (E1)$$

$S(Z_0)$ ist die Entropie in einem beliebigen Bezugszustand Z_0. Die Größe $\delta Q_{rev.}$ ist die dem System während der <u>reversiblen</u> Überführung von Z_0 nach A bei der absoluten Temperatur T zugeführte Wärmemenge.+) (S.S.11)

2) Wird das thermodynamische System durch einen beliebigen Prozeß, bei dem es mit seiner Umgebung nur Arbeit und Wärme aber keine Masse austauscht, von einem Gleichgewichtszustand A in einen anderen Gleichgewichtszustand B übergeführt, so gilt für die Entropie des Systems

$$S(B) - S(A) \geq \int_A^B \frac{\delta Q}{T} \quad . \qquad (E.2)$$

δQ ist die dem System während des Prozesses bei der Temperatur T reversibel oder irreversibel zugeführte Wärmemenge.

Faßt man das thermodynamische System zusammen mit seiner Umgebung als abgeschlossenes System auf, so gilt $\delta Q = 0$. Nun ist die Entropie eines Systems eine extensive Größe. Bezeichnet man also die Entropie der Umgebung des Systems mit S^*, so läßt sich die Aussage (E.2) nach Planck [3](S.99) auch so formulieren:

$$S^*(B) + S(B) \geq S^*(A) + S(A) .$$

+) Um zu entscheiden, ob ein thermodynamischer Prozeß $Z_0 \rightarrow A$ reversibel oder irreversibel verlaufen ist, lasse man das System den zu dem betrachteten Prozeß zeitlich gespiegelten Prozeß $A \rightarrow Z_0$ durchlaufen.

Hat das System seinen Ausgangszustand Z_0 erreicht und befindet sich die Umgebung des Systems im selben Zustand wie zu beginn des Prozesses, so heißt der Prozeß $Z_0 \rightarrow A$ reversibel.
Bleiben aber Veränderungen in der Umgebung des Systems zurück, so heißt der Prozeß Z_0 A irreversibel.

"Jeder in der Natur stattfindende Prozeß ($A \rightarrow B$) verläuft in dem Sinne, daß die Summe der Entropien aller an dem Prozeß beteiligten Körper vergrößert wird. Im Grenzfall für einen reversiblen Prozeß bleibt diese Summe ungeändert".
Der 2. Hauptsatz (E.1,2) ist durch die experimentelle Erfahrung wohlbegründet. Er hat sich in der Thermostatik bei vielen Anwendungen bewährt.[3),4),6),9),10)]
Wir erwähnen hier nur die Maxwellschen Relationen zwischen den Materialgrößen eines thermodynamischen Systems (spezifischen Wärmen, Kompressibilitäten etc.). Diese Relationen reduzieren z.B. den zur thermodynamischen Bestimmung eines konkreten Systems erforderlichen Aufwand an Meßdaten um den Faktor 2 !
Grundsätzlich anders ist die Situation in der Thermodynamik der irreversiblen Prozesse.
In den drei wichtigsten der heute vorliegenden Kontinuumstheorie der Vorgänge in Materie, nämlich der klassischen Thermodynamik der irreversiblen Prozesse [13)-15)], den nichtlinearen Feldtheorien der Mechanik und ihren thermodynamischen Erweiterungen [16)-18)]

und der entropiefreien Thermodynamik der Vorgänge 11),12),19), wird der 2. Hauptsatz in ganz verschiedener Weise physikalisch interpretiert und auch in verschiedener mathematischer Gestalt verwendet.
In der klassischen Thermodynamik der irreversiblen Prozesse und in den nichtlinearen Feldtheorien der Mechanik und Thermodynamik verwendet man zunächst den 2. Hauptsatz nicht nur in seiner integralen Form (E.2) sondern auch in einer von Clausius selbst angegebenen "differentiellen" Form:

$$dS \geq \frac{\delta Q}{T} \quad . \qquad (E.3)$$

Diese Ungleichung kann in mehreren ganz verschiedenen Weisen interpretiert werden:

1) Man betrachtet den Übergang des Systems von einem Gleichgewichtszustand zu einem anderen differentiell benachbarten Gleichgewichtszustand.
   Dann ist die Ungleichung (E.3) eine einfache Folgerung aus (E.2). Bei reversiblem Übergang gilt das Gleichheitszeichen, bei irreversiblem Übergang das Ungleichheitszeichen.

2) Man interpretiert (E. 3) als Aussage über zwei "differentiell benachbarte" Nichtgleichgewichtszustände.

   Dazu ist zunächst eine Bemerkung zur phänomenologischen Beschreibung von Nichtgleichgewichtszuständen eines thermodynamischen Systems notwendig. Eine exakte Beschreibung eines solchen Zustandes ist eigentlich nur im Rahmen einer molekularen Theorie durch Angabe der Lagen, Impulse und inneren Zustände aller Moleküle des Massenelementes möglich. Diese Information steht aber nicht zur Verfügung. Deshalb erscheint das Vorgehen aller phänomenologischen Theorien gerechtfertigt, in denen Nichtgleichgewichtszustände durch einige wenige makroskopische Größen und deren Zeitableitungen, wie z.B. die Masse, die Konzentrationen, die innere Energie, eine "Temperatur" und einen "Druck" beschrieben werden. Diese Größen können entweder rein phänomenologisch durch empirische Meßvorschriften oder aber kinetisch als integrale Mittelwerte über geeignete Funktionen der molekularen Parameter definiert werden. Man erkennt daraus, daß Nichtgleichgewichtszustände, welche makroskopisch durch ein und denselben Parametersatz beschrieben werden, sich in mikroskopischer Hinsicht i.a. voneinander unterscheiden werden. Zwei Nichtgleichgewichtszustände deren makroskopische Parametersätze sich nur infinitesimal wenig voneinander unterscheiden, nennen wir "differentiell benachbart". Solche Zustände müssen natürlich in mikroskopischer Hinsicht nicht "differentiell benachbart" sein sondern können stark voneinander abweichen.

Die Anzahl und Art der makroskopischen Parameter, durch welche ein Nichtgleichgewichtszustand phänomenologisch beschrieben werden soll, steht nun zunächst frei. Es besteht nur die "Randbedingung", daß diese Parameter für den Fall des Gleichgewichtszustandes entweder in die zugehörigen Gleichgewichtsparameter des Systems übergehen oder verschwinden. Diese Bedingung legt nun nahe, zu versuchen, Nichtgleichgewichtszustände allein durch formale Übertragung von Gleichgewichtsparametern auf Nichtgleichgewichtssituationen zu beschreiben. Dieses Vorgehen führt aber zu grundsätzlichen Schwierigkeiten und ist auch physikalisch unbefriedigend, da ein thermodynamisches System in einem Nichtgleichgewichtszustand zwar stets eindeutige thermodynamische Extensivparameter wie Volumen, Massen und innere Energie besitzt, die physikalische Bedeutung der zugehörigen thermostatischen Intensivparameter wie Temperatur, Druck und chemische Potentiale aber noch völlig offen ist. Man kann diese Parameter zunächst nur als "begleitende" Größen auffassen, also als Temperatur, Druck und chemische Potentiale die im System vorlägen, würde es sich bei gleichen Werten der Extensivparameter in einem thermostatischen Gleichgewichtszustand befinden.

Man kann nun einem thermodynamischen System in einem Nichtgleichgewichtszustand auch eine "begleitende thermostatische Entropie" zuordnen. Dies ist einfach die durch (E.1) definierte Gleichgewichtsentropie zu den im Nichtgleichgewichtszustand vorliegenden Werten der Extensivparameter Volumen, Masse und innere Energie des Systems. Anders ausgedrückt: es ist die thermostatische Entropie, welche das System hätte, würde es sich in einem Gleichgewichtszustand mit denselben Extensivparametern wie der betrachtete Nichtgleichgewichtszustand befinden.

Wir betrachten nun zwei differentiell benachbarte Nichtgleichgewichtszustände und interpretieren dS in (E.3) als Differential der begleitenden thermostatischen Entropie dieser Zustände.
Die Ungleichung (E.3) ist dann aber ein neues Postulat ! Sie kann zunächst nicht aus (E.2) gefolgert werden sondern bedarf eigentlich einer neuen physikalischen Begründung. Auf diesen Umstand ist seinerzeit von Kirchhoff, in jüngster Zeit von Meixner u.a. besonders hingewiesen worden [11](S.80) [12].
Es läßt sich aber zeigen, daß die Ungleichung (E.3) für spezielle Klassen von Materialien aus dem 2.Hauptsatz (E.2) gefolgert werden kann. (Vgl.Kap.2).
Das Umkehrproblem ist trivial: Postuliert man die Gültigkeit von (E.3), so folgt daraus (E.2) durch einfache Integration.

3) Man betrachtet wie unter 2) den Übergang des Systems von einem beliebigen Zustand zu einem differentiell benachbarten Zustand.

Die Größe dS wird als Differential einer "Nichtgleichgewichtsentropie" interpretiert, d.h. als Differential einer Entropie, welche das System in einem beliebigen Nichtgleichgewichtszustand besitzen soll.
Diese Nichtgleichgewichtsentropie hat zunächst nichts mit der durch (E.1) erklärten thermostatischen Entropie zu tun. Sie muß neu erklärt und physikalisch interpretiert werden (Vgl. Kap.1).
Auf die Schwierigkeiten einer solchen Definition bzw. Interpretation ist von Meixner besonders hingewiesen worden [2o].
Die Ungleichung (E.3) stellt auch bei dieser Interpretation ein neues Postulat dar, welches physikalisch begründet werden muß und zunächst nicht aus dem 2. Hauptsatz (E.2) gefolgert werden kann.
Es läßt sich aber zeigen, daß man für spezielle Klassen von Medien eine Nichtgleichgewichtsentropie explizit angeben kann, derart, daß nicht nur die Ungleichung (E.2) sondern auch (E.3) gültig ist.

In der Klassischen Thermodynamik der irreversiblen Prozesse wird nun die Ungleichung (E.3) im Sinne der 2. Interpretation verwendet. Ferner denkt man sich das System in einzelne Massenelemente zerlegbar, die wiederum als thermodynamische Systeme im Sinne Schottkys aufgefaßt werden können. Jedes Element besitzt zu jedem Zeitpunkt eindeutige Werte der spezifischen inneren Energie u und der Dichte ϱ . Nehmen wir der Einfachheit halber an, das betrachtete System sei fluid und bestehe nur aus 1 Phase und 1 Komponente. Dann hängt die begleitende Gleichgewichtsentropie, deren spezifischen Wert wir mit s_{st} bezeichnen, nur von diesen beiden Parametern ab:*)

$$s_{st} = s_{st}(u, \varrho).$$

Mit Hilfe des Gaußschen Satzes folgt nun aus (E.3):

---

*) Der Index "st" steht für <u>thermostatisch.</u>

$$\varrho\, \dot{s}_{st} + \partial_\alpha (q_\alpha / T) = \sigma_{st} \geq 0. \quad (E.4)$$

Dies ist die Clausius-Duhemsche-Ungleichung für die begleitende thermostatische Entropie.

Es sei nochmals betont: Die begleitende thermostatische Entropie s_{st} ist die nach (E.1) wohldefinierte Entropie welche ein Element am Ort $\underline{x}$ zur Zeit t pro Masseneinheit hätte, wäre es in einem thermostatischen Gleichgewichtszustand mit den Extensivparametern u und ϱ .

In (E.4) bedeutet $\dot{s}_{st} = (\partial_t + v_\alpha \partial_\alpha) s_{st}$ die zeitliche Änderung von s_{st} , die ein mit dem Massenelement (Geschwindigkeit v_α) mitbewegter Beobachter registrieren würde. q_α ist ein Wärmestrom, (q_α / T) kann als der nichtkonvektive Anteil des Stromes der begleitenden Gleichgewichtsentropie oder kurz des Entropiestromes aufgefaßt werden. Es gilt die Summenkonvention.

Alle in der Natur realisierten Prozesse sollen nach (E.4) so ablaufen, daß die (durch die linke Seite von (E.4) definiert) Produktion σ_{St} der begleitenden Gleichgewichtsentropie oder kurz "die Entropieproduktion" stets positiv ist oder eventuell verschwindet.

Die Entropieproduktion ist die entscheidende physikalische Größe in der klassischen Thermodynamik der irreversiblen Prozesse: Aus der Struktur von σ_{St} können die sogenannten Materialgleichungen des thermodynamischen Systems abgelesen werden.

Der numerische Wert von σ_{St} ist ein Maß für die Heftigkeit, mit der die irreversiblen Prozesse im System ablaufen [*)]. Es ist aber zu betonen, daß die Clausius-Duhemsche-Ungleichung (E.4) gemäß ihrer Herleitung aus (E.3) ein selbständiges Postular ist, welches nicht aus dem 2. Hauptsatz (E.2) gefolgert werden kann.

Wenn sich die Ungleichung (E.4) auch in vielen Anwendungen bewährt hat [13)], so führt sie doch zu prinzipiellen Schwierigkeiten.

Wir wollen diese an einem besonders einfachen Beispiel demonstrieren: dazu betrachten wir einen eindimensionalen Wärmeleitungsprozeß in einer sehr zähen, homogen isotropen und ruhenden Flüssigkeit. Aus dem

Energiesatz

$$\varrho \partial_t u + \partial_x q_x = 0, \tag{E.5}$$

der thermostatischen Beziehung

$$du = c_v dT \tag{E.6}$$

$$c_v = const > 0$$

und dem Fourierschen Wärmeleitungssatz

---

*) Vg. Sommerfeld, Emden, Meixner [21]: "In der riesigen Fabrik der Naturprozesse nimmt die Entropieproduktion die Stelle des Direktors ein, denn sie schreibt die Art und den Ablauf des ganzen Geschäftsvorganges vor. Das Energieprinzip spielt nur die Rolle des Buchhalters, indem es Soll und Haben ins Gleichgewicht bringt.

$$q_x = -\varkappa \partial_x T, \tag{E.7}$$

folgt die gewöhnliche Wärmeleitungsgleichung

$$\partial_t T = \frac{\varkappa}{\varrho c_v} \partial_x^2 T. \tag{E.8}$$

Hier bedeuten: $\partial_t = \partial/\partial t$, $\partial_x = \partial/\partial x$, c_v... spez.Wärme, $\varkappa$... Wärmeleitfähigkeit und $T(\underline{x},t)$ die Temperatur im Medium am Ort $\underline{x}$ zur Zeit t.

Die Clausius-Duhemsche-Ungleichung (E.4) liefert nun mit der Gibbsschen Gleichung

$$ds_{st} = \frac{1}{T}\, du$$

und (E.5), (E.7) die Aussage

$$\varkappa \geq 0 .$$

Die Wärmeleitfähigkeit ist stets positiv. Dies wird durch die Erfahrung bestätigt.

Nun ist die Gleichung (E.8) eine parabolische Differentialgleichung. Die Temperatur breitet sich gemäß dieser Gleichung mit unendlich großer Geschwindigkeit aus. Dies ist tatsächlich natürlich nicht möglich. (Paradoxon der Wärmeleitungstheorie.) Nach den Vorstellungen der kinetischen Theorie der Materie muß die Geschwindigkeit, mit welcher sich Temperaturänderungen in einem Medium ausbreiten, von der Größenordnung der Schallgeschwindigkeit in diesem Medium sein.

Im übrigen ist der Temperaturtransport nach (E.6) mit einem Energietransport verknüpft. Die Ausbreitungsgeschwindigkeit der Temperatur kann also prinzipiell nicht größer als die Lichtgeschwindigkeit sein.

Diese grundsätzliche Schwierigkeit wird nun behobert wenn man anstelle von (E.7) den Ansatz

$$\partial_x T = -\frac{1}{\varkappa} q_x - \alpha \dot{q}_x \qquad (E.10)$$

bzw.

$$q_x(x,t) = -\frac{1}{\alpha} \int_{-\infty}^{t} ds\, e^{-(t-s)/\varkappa\alpha} \partial_x T(x,s) \qquad (E.11)$$

verwendet. Mit (E.10) folgt aus (E.5), (E.6)

$$\tau \partial_t^2 T + \partial_t T = \frac{\varkappa}{\rho c_v} \partial_x^2 T, \qquad (E.12)$$

$$\tau = \frac{\alpha}{\varkappa}.$$

Wählt man $\alpha > 0$, $\varkappa > 0$, so ist $\tau > 0$ und die Gleichung (E.12) ist eine hyperbolische Differentialgleichung. Sie beschreibt also stets Vorgänge mit beschränkter Ausbreitungsgeschwindigkeit. Dies folgt z.B. aus ihrer Dispersionsrelation.
Die Clausius-Duhemsche-Ungleichung (E.4) liefert nun mit (E.9), (E.5) und (E.10) die Aussage

$$\varkappa \geq 0, \quad \alpha = 0.$$

Sie reduziert also die Gleichung (E.12) wieder auf die Fouriersche Gleichung (E.8). Will man an der Gleichung (E.12) festhalten, so muß man die Ungleichung (E.4), d.h. die Forderung $\sigma_{St} \geq 0$ verwerfen ! Diese und gewisse andere grundsätzliche Schwierigkeiten lassen es wünschenswert erscheinen, den Gültigkeitsbereich der Clausius-Duhemschen-Ungleichung (E.4) genau abzugrenzen. Einige Ergebnisse zu dieser Frage werden in Kap. 2 angegeben werden. (Vgl.auch 12), 19).)

In den nichtlinearen Feldtheorien der Mechanik und Thermodynamik wird die Ungleichung (E.3) im Sinne der 3. Interpretation verwendet. Dort sieht man eine verallgemeinerte Clausius-Duhemsche-Ungleichung

$$\rho \dot{s}_N + \partial_\alpha J_{N\alpha} \geq 0 \qquad (E.13)$$

als dynamische Erweiterung des 2. Hauptsatzes der Thermodynamik an. Hier bedeuten s_N eine spezifische Nichtgleichgewichtsentropie und $J_{N\alpha}$ den Strom dieser Größe. Befindet sich das Massenelement selbst und mit seiner Umgebung im Gleichgewicht, so soll $s_N = s_{st}$ und $J_{N\alpha} = 0$ sein. Für Systeme ohne Diffusion kann $J_{N\alpha} = q_\alpha / T$ gesetzt werden. Für solche Systeme ist also die Ungleichung (E.13) eine direkte Konsequenz aus (E.3).

Die Ungleichung (E.13) ist wie bereits erwähnt ein selbständiges Postulat und kann nicht aus dem 2. Hauptsatz der Thermodynamik (E.2) gefolgert werden. Da zudem die physikalische Bedeutung der Größen S_N und $J_{N\alpha}$ in diesen Theorien nicht näher erläutert wird, ist nicht klar, welche physikalische Relevanz alle aus (E.13) gezogenen Folgerungen besitzen.
Eine endgültige Entscheidung kann aber wie bei jeder Theorie nur durch das gezielte Experiment getroffen werden.

Die von J.Meixner entwickelte und vom Verfasser ergänzte entropiefreie Thermodynamik der Vorgänge vermeidet nun den bislang im Rahmen einer phänomenologischen Theorie noch nicht eindeutig definierten Begriff einer Nichtgleichgewichtsentropie. Ferner wird der 2.Hauptsatz nur in seiner integralen Form (E.2), aber nicht in seiner differentiellen Form (E.3) verwendet.
Es zeigt sich, daß für spezielle Klassen von Materialien eine Clausius-Duhemsche-Ungleichung (E.4) für die begleitende Gleichgewichtsentropie bzw. eine Clausius-Duhemsche-Ungleichung (E.13) für eine wohldefinierte Nichtgleichgewichtsentropie aus (E.2) gefolgert werden kann. [19] Eine gewisse Schwierigkeit in dieser Theorie liegt in der Verwendung der "fundamentalen Ungleichung". [11] (S.88). Bei ihrer Deduktion aus dem 2. Hauptsatz (E.2) müssen über das Material spe-

zielle dynamische Stabilitätsannahmen gemacht werden, die wohl bei Materialien ohne oder mit nur sehr kurzer Nachwirkung, nicht aber bei Materialien mit starken Nachwirkungen- z.B. hochpolymere Kunststoffe oder Glas- erfüllt sind.
Trotz dieser Schwierigkeit wollen wir aber betonen, daß die entropiefreie Thermodynamik der Vorgänge einen echten Fortschritt gegenüber der klassischen Thermodynamik der irreversiblen Prozesse und den nichtlinearen Feldtheorien der Mechanik und Thermodynamik darstellt, da wie erwähnt in ihr keine Clausius-Duhemsche-Ungleichung postuliert, sondern der 2. Hauptsatz in seiner ursprünglichen Form (E.2) verwendet wird.

In der vorliegenden Arbeit soll nun versucht werden, die Grundlagen zu einer neuen Thermodynamik der Vorgänge zu entwickeln, die die oben angeführten Schwierigkeiten der heute vorliegenden Theorien vermeidet.
Der physikalische Kern der Theorie ist eine neue Interpretation der Begriffe Entropie und Entropiestrom eines thermodynamischen Systems welches sich in einem Nichtgleichgewichtszustand befindet.
Danach wird die Theorie an einem fluiden thermodynamischen System, welches aus einer Phase und mehreren Komponenten besteht und auf welches äußere Kräfte wirken, demonstriert. Es zeigt sich, daß die Theorie die klassische Thermodynamik der irreversiblen Prozesse als Spezialfall enthält. Abschließend wird die Theorie an Hand einiger spezieller Prozesse diskutiert.

1. Allgemeine Formulierung des 2. Hauptsatzes in der Thermodynamik der Vorgänge

Wir wollen in diesem Abschnitt versuchen, den 2. Hauptsatz der Thermodynamik (E.2) so zu formulieren, daß er nurmehr Größen enthält, die sowohl für Gleichgewichtszustände wie auch für Nichtgleichgewichtszustände wohl definiert und grundsätzlich meßbar sind. Darüber hinaus sollten alle vorkommenden Größen aber auch praktisch meßbar sein. Es wäre also wünschenswert, den 2. Hauptsatz so zu formulieren, daß er nur Größen enthält, für die prakrikable Meßverfahren angebbar sind. Diese müßten es erlauben, alle vorkommenden Größen bei Vorgängen in konkreten thermodynamischen Systemen, etwa einer Dampfturbine oder einem Kernreaktor tatsächlich zu bestimmen. Wir müssen hier betonen, daß es uns nicht möglich war, diese letzte Bedingung konsequent zu erfüllen. Die im folgenden entwickelte Formulierung des 2. Hauptsatzes enthält gewisse Größen, die zwar grundsätzlich meßbar sind, deren praktische Messung aber wahrscheinlich mit großen Schwierigkeiten verbunden ist. Durch diesen Umstand wird die experimentelle Oberprüfung der von uns im folgenden entwickelten Formulierung des 2. Hauptsatzes leider erschwert.

Die Schlüssel zu dieser Formulierung sind nun die Begriffe der Nichtgleichgewichtsentropie und der Strom der Nichtgleichgewichtsentropie eines beliebigen thermodynamischen Systems.

Wir führen diese Begriffe zunächst nur in formaler Weise ein und werden sie weiter unten physikalisch interpretieren. Danach werden eine Reihe von allgemeinen Eigenschaften dieser Größen angeführt und mathematisch formuliert.

Betrachten wir zunächst ein thermodynamisches System, bestehend aus 1 Phase und 1 Komponente, welches mit seiner Umgebung nur Arbeit und Wärme, aber keine Masse austauscht. Dann gilt der 2. Hauptsatz in der Form (E.2). Beide Seiten dieser Ungleichung lassen sich unter Verwendung des Gaußschen Integralsatzes als Volumenintegrale schreiben. Damit erhält man zunächst auf ganz formale Weise die Ungleichung

$$\int_{-\infty}^{\infty} dt \int_{V(t)} dV \left\{ \varrho \dot{s}_N + \partial_\alpha J_{N\alpha} \right\} \geq 0 . \qquad (1.1)$$

Hierbei sind $s_N(\underline{x},t)$ und $\underline{J}_N(\underline{x},t)$ irgendwelche Felder mit der Dimension einer spezifischen Entropie bzw. eines Entropiestroms. Von diesen Feldern verlangen wir zunächst nur, daß sie für einen vorgegebenen Prozeß bei dem das System von einem Gleichgewichtszustand A durch Arbeits- und Wärmeaustausch mit seiner Umgebung in einen anderen Gleichgewichtszustand B übergeführt wird, den Bedingungen

$$\int_{-\infty \; A\to B}^{\infty} dt \int_{V(t)} \varrho \dot{s}_N \, dV = S(B) - S(A) , \qquad (1.2a)$$

$$\int_{-\infty \; A\to B}^{\infty} dt \int_{O(t)} (\underline{J}_N \, d\underline{f}) = \oint_A^B \frac{\delta Q}{T} \qquad (1.2b)$$

genügen. $O(t)$ und $V(t)$ sind Oberfläche und Volumen des Systems zur Zeit t.

Wir denken uns nun das System in einzelne Massenelemente zerlegt, die in folgender Weise definiert sind [16] (S.38 ff.): Man denke sich das thermodynamische System in kleine Kuben der Kantenlänge Δl zerlegt. Dann berechne man Dichte und mittlere Geschwindigkeit aller sich zu einem Zeitpunkt t in einem Kubus mit dem Mittelpunkt $\underline{x}$ aufhaltenden Moleküle (Masse m_i, Geschwindigkeit $v_{i\alpha}$):

$$\varrho(\underline{x},t) = \sum_i m_i / (\Delta l)^3 ,$$

$$v_\alpha(\underline{x},t) = \sum_i m_i v_{i\alpha} / \sum_i m_i , \quad \alpha = 1,2,3. \tag{1.3}$$

Die Größe Δl soll dabei so gewählt sein, das sich ϱ und v_α beim Übergang von einem Massenelement zum anderen nur wenig ändern.

Durch stetige Ergänzung ergibt sich dann aus diesen Größen das Dichte- bzw. Geschwindigkeitsfeld des Systems. Löst man die Gleichungen

$$\frac{d}{dt} x_\alpha(t) = v_\alpha(\underline{x},t) , \quad \alpha = 1,2,3 \tag{1.4}$$

mit der Anfangsbedingung

$$x_\alpha(-\infty) = X_\alpha , \tag{1.5a}$$

so erhält man die Kurvenschar

$$x_\alpha = x_\alpha(\underline{X},t) , \quad \alpha = 1,2,3 . \tag{1.5}$$

Diese Kurven können als Bahnkurven der Schwerpunkte von gewissen Massenelementen (Kennzeichen: $\underline{X}$) aufgefaßt werden. Diese Elemente mögen stets so abgegrenzt werden, daß ihre Masse, wiewohl zu verschiedenen Zeiten aus verschiedenen Atomen und Molekülen zusammengesetzt, zu allen Zeiten denselben Wert besitzt.
Im übrigen soll diese Masse so groß sein, daß das Element noch als thermodynamisches System im Sinne Schottkys aufgefaßt werden kann.
Diese Annahmen sind für jede Kontinuumstheorie der Materie grundlegend. Sie erlauben es, den Zustand des thermodynamischen Systems einerseits durch lokale von Ort und Zeit abhängige Felder wie z.B. das Dichtefeld $\rho(\underline{x},t)$, das Temperaturfeld $T(\underline{x},t)$ etc., andererseits durch Angabe des thermodynamischen Zustandes jeden einzelnen Massenelementes, d.h. durch Angabe der nurmehr von der Zeit t und dem Parameter $\underline{X}$ abhängenden Funktionen $\rho(\underline{X},t)$ ... etc. zu beschreiben.
Verwandelt man die Ortsabhängigkeit der in (1.1) auftretenden Felder mit Hilfe von (1.5) in eine reine Zeitabhängigkeit, so folgt wegen $dm = \rho\, dV = \mathrm{const}$ während des Prozesses

$$\int_M dm \int_{-\infty}^{\infty} dt \left\{ \dot{s}_N + \frac{1}{\rho} \partial_\alpha J_{N\alpha} \right\} \geq 0. \qquad (1.6)$$

+) Wir verstehen hier unter T die Temperatur der Translationsfreiheitsgrade der Moleküle und Atome in einem Massenelement.

Nach den auf S.22 getroffenen Annahmen über die Massenelemente des Systems, können diese auch als thermodynamische Systeme im Sinne von SCHOTTKY angesehen werden, die mit ihrer Umgebung nur Arbeit und Wärme (aber keine Masse) austauschen. Da der 2. Hauptsatz der Thermodynamik für alle solche Systeme, unabhängig von ihrer Grösse gelten soll, muß die Ungleichung (1.6) auch für beliebige Teile des Gesamtsystems, ja für jedes einzelne Massenelement gelten. Daher muß nicht nur (1.6), sondern auch die Ungleichung

$$\int_{-\infty}^{\infty} dt \left\{ s_N + \frac{1}{3} \partial_\alpha J_{N\alpha} \right\} \geq 0 \ldots \text{alle } \underline{X} \qquad (1.7)$$

gelten. Um nun dieser Aussage physikalisches Gewicht zu geben, ist es notwendig, die Felder s_N und $J_{N\alpha}$ zu interpretieren. Als Vorbereitung dazu führen wir zunächst den Begriff des Thermodynamischen Prozesses ein. Darunter wollen wir einfach die Gesamtheit aller phänomenologisch wohldefinierten Felder verstehen, durch welche ein Vorgang in Materie im Rahmen einer Kontinuumstheorie beschrieben wird. Diese Gesamtheit definiert eine gewisse makroskopische Beschreibungsstufe des Prozesses.

Wir bezeichnen die Gesamtheit im folgenden mit $f(\underline{x},t)$ bzw. bei Bezug auf ein spezielles Massenelement mit $f(\underline{x}(\underline{X},t),t) = \hat{f}(\underline{X},t)$. Zum thermodynamischen Prozeß zählen wir:

1) Alle Felder, die einen oder mehrere begleitende Gleichgewichtszustände des Massenelementes beschrei-

ben. (Vgl.Kap.2 und [19]). Das sind alle Felder, die in der Gibbsschen Fundamentalgleichung vorkommen.

2) Alle Felder, die den Nichtgleichgewichtszustand eines Massenelementes beschreiben. Das sind alle Felder, die in den Bilanzgleichungen des Systems auftreten.

Außer diesen Feldern können natürlich noch weitere, durch Meßvorschriften phänomenologisch definierte Felder zum thermodynamischen Prozeß gezählt werden. Ein Beispiel ist das Feld der "dynamischen Temperatur", welches im folgenden noch genau definiert werden wird.
Um nichts an Allgemeinheit zu verlieren, muß man außer diesen Feldern selbst auch ihre Orts- und Zeitableitungen bis zu einer gewissen Ordnung zum thermodynamischen Prozeß rechnen.
Unter allen Größen des so definierten thermodynamischen Prozesses spielt nun die begleitende thermostatische Entropie in physikalischer Hinsicht eine besondere Rolle. Bei quasistatisch ablaufenden Vorgängen kann sie nach M.PLANCK (3, S.90, 99) als "Maß für die Wahrscheinlichkeit" eines thermostatischen Gleichgewichtszustandes des Massenelementes, also als Maß für die Tendenz, Neigung oder Vorliebe des Massenelementes, einen gewissen Zustand einzunehmen, interpretiert werden. Dieses Maß ist eine Zustandsgröße, hängt also nur vom momentanen Gleichgewichtszustand des Massenelementes, nicht aber vom durchlaufenen quasistatischen Prozeß ab.

Wir wollen in dieser Arbeit nun versuchen, die obige

physikalische Idee des Maßes beizubehalten, ja sie von Gleichgewichtszuständen auf Nichtgleichgewichtssituationen zu erweitern, d.h. also sie auf Vorgänge die mit endlicher Geschwindigkeit ablaufen, übertragen. Dazu scheint es am einfachsten zu sein, zunächst formal eine neue Feldgröße und ihren Strom einzuführen. Diese Größe nennen wir Nichtgleichgewichtsentropie und fassen sie nun nicht mehr als Zustandsgröße, sondern als materialabhängiges Funktional der ganzen Vorgeschichte des Massenelementes auf.

Die Nichtgleichgewichtsentropie und ihr Strom werden also durch folgende Hypothese in die Theorie eingeführt:

> Zu jedem in einem thermodynamischen System ablaufenden thermodynamischen Prozeß $\hat{f}(\underline{X},t), -\infty < t < \infty$ existiert ein charakteristisches skalares Feld s_N und ein charakteristisches Vektorfeld $\underline{J}_N$.
>
> Beide Felder lassen sich als im allgemeinen materialabhängige Funktionale des thermodynamischen Prozesses $\hat{f}(\underline{X},t)$ darstellen:

$$s_N(\underline{X},t) = \mathfrak{S}\{\hat{f}(\underline{X},s), -\infty < s \leq t\}, \quad (1.8)$$

$$\alpha = 1,2,3$$

$$J_{N\alpha}(\underline{X},t) = \mathfrak{J}_\alpha\{\hat{f}(\underline{X},s), -\infty < s \leq t\}. \quad (1.8b)$$

Wir sehen das Funktional $\mathfrak{S}$ in Analogie zur PLANCKschen Interpretation der Gleichgewichtsentropie (3. S.90ff) als Maß für eine "Wahrscheinlichkeit" an, d.h. also als Maß für die Tendenz oder Neigung des Massenelementes, sich in dem durch $\hat{f}(\underline{X},t)$ phänomenologisch definierten Nichtgleichgewichtszustand zu befinden. Im Gegensatz zur begleitenden Gleichgewichtsentropie ist $\mathcal{S}$ aber keine Zustandsgröße, sondern ein materialabhängiges Funktional, dessen numerischer Wert von der ganzen Vorgeschichte des Massenelementes ($\underline{X}$) abhängt.

Wir wollen nun noch die Nichtgleichgewichtsentropie in anderer Weise deuten:
Dazu betrachten wir ein beliebiges Massenelement ($\underline{X}$) des fluiden Systems und nehmen an, es durchlaufe, ausgehend von einem Gleichgewichtszustand A ($\underline{X}, t=-\infty$) einen thermodynamischen Prozeß $\hat{f}(\underline{X},s)$, $-\infty < s \leq t$ und befinde sich zur Zeit t in einem gewissen Nichtgleichgewichtszustand $Z(\underline{X},t)$. Das Funktional $\mathcal{S}$ ist dann ein auf die makroskopische Beschreibungsstufe $\hat{f}(\underline{X},t)$ bezogenes (nicht notwendigerweise eindeutiges) Maß für die während des Prozesses bis zum Zeitpunkt t im Inneren des Massenelementes aufgetretenen "irreversiblen Veränderungen". Um diese Interpretation und insbesondere den Begriff der "irreversiblen Veränderungen" zu erläutern, denken wir uns das Massenelement ab dem Zeitpunkt t von seiner Umgebung vollständig isoliert. Dann strebt es asymptotisch einem Gleichgewichtszustand B ($\underline{X},\infty$) zu. Führt man das Massenelement reversibel von B nach A zurück, so können nach dem Erreichen von A in seiner Umgebung gewisse Veränderungen zurückbleiben. Der Vorgang $\overrightarrow{A\ Z\ B}$ ist dann irreversibel (Vgl.S.3). Die

bei diesem Vorgang im Massenelement aufgetretenen Veränderungen nennt man konsequenterweise irreversible Veränderungen, da sie sich nicht ohne bleibende Veränderungen in der Umgebung des Elementes rückgängig machen lassen. Ein Maß für diese irreversiblen Veränderungen ist die Differenz der (spezifischen) Entropien in den Gleichgewichtszuständen A und B:

$$s_{st}(B) - s_{st}(A).$$

Diese Differenz kann auch in folgender Weise geschrieben werden:

$$\big(s_{st}(B) - s(Z)\big) + \big(s(Z) - s_{st}(A)\big).$$

Der erste Klammerausdruck kann als Maß für die irreversiblen Änderungen im Massenelement während der Relaxation vom Nichtgleichgewichtszustand Z in den Gleichgewichtszustand B interpretiert werden. In entsprechender Weise ist dann der zweite Klammerausdruck als Maß für die irreversiblen Veränderungen anzusehen, die im Massenelement auftreten, wenn es aus dem Gleichgewichtszustand A durch einen thermodynamischen Prozeß in den Nichtgleichgewichtszustand Z übergeführt wird. Beide Klammerausdrücke sind Funktionale des betrachteten thermodynamischen Prozesses, hängen also nicht nur von den einzelnen Zuständen A, Z und B, sondern i.a. vom ganzen Verlauf des Prozesses im Zeitinterval $-\infty < s \leq t$ ab.

Wir wollen nun noch versuchen, den physikalischen Inhalt des Begriffes "irreversible Veränderungen eines Massenelementes" an einem Beispiel zu erläutern. Als solches wählen wir Knallgas, welches sich etwa im Normalzustand in einer Stahlflasche befindet. Nach aller Erfahrung reagieren die Sauerstoff- und Wasserstoffmoleküle in diesem Zustand miteinander nicht. Das System ist thermodynamisch stabil und befindet sich in einem Gleichgewichtszustand (A). Wird es nun durch einen elektrischen Funken gezündet, so tritt eine explosionsartige chemische Reaktion auf, bei der Wasserdampf gebildet wird. Dieser Vorgang ist irreversibel. Betrachten wir nun ein Massenelement *während* der Knallgasreaktion, also in einem *Nichtgleichgewichtszustand* (Z). Ein solches Element enthält, im Gegensatz zu seinem Ausgangszustand, neben den Sauerstoff- und Wasserstoffmolekülen bereits auch einige Wassermoleküle. Diese gehören zu den "irreversiblen Veränderungen" im Massenelement, die beim Übergang vom Zustand A in den Nichtgleichgewichtszustand Z aufgetreten sind. Daneben werden natürlich noch andere irreversible Veränderungen des Massenelementes wie Deformationen, Dichte-, Temperatur- und Geschwindigkeitsgradienten auftreten. Die zum Knallgasgemisch gehörende Nichtgleichgewichtsentropie, also das zur betrachtenden Sauerstoff-Wasserstoff-Mischung und zur Knallgasreaktion gehörende Funktional $\mathfrak{S}$ stellt dann ein Maß für die gesamten im Massenelement aufgetretenen Veränderungen dar, wie oben in allgemeiner Weise erläutert worden ist.

Das Vektorfunktional $\mathcal{Y}_{\alpha}$ ist ein auf die makroskopische

Beschreibungsstufe $\hat{f}(\underline{X},t)$ bezogenes (nicht notwendigerweise eindeutiges) Maß für die irreversiblen Veränderungen, welche das betrachtete Massenelement während des Prozesses zum Zeitpunkt t und pro Zeiteinheit mit seiner Umgebung austauscht.

Ein Beispiel soll diese etwas abstrakte Interpretation des Entropiestroms ein wenig erläutern:

Wir wählen als thermodynamisches System eine hochpolymere Kunststoffschmelze - z.B. Polyacrylsäure - und denken uns in ihr ein Massenelement abgegrenzt. Im Element befinde sich u.a. ein "langes" Molekül, in seiner Umgebung die Bruchteile eines etwa bei der Erwärmung des Stoffes depolymerisierten d.h. zerbrochenen Moleküls. Diese Depolymerisation ist häufig ein irreversibler Prozeß. Wir nehmen nun an, das "lange" Molekül sei im Laufe der Zeit aus dem Massenelement heraus, das "zerbrochene" Molekül in das Element hineindiffundiert. Dann sind aus der Umgebung "irreversible Änderungen" in das Massenelement transportiert worden, ohne daß sich notwendigerweise auch die Masse, der Impuls oder die innere Energie des Massenelementes geändert haben müssen.

Das Funktional $\mathcal{J}_\alpha$ charakterisiert diesen Vorgang, der Betrag von $\mathcal{J}_\alpha$ ist z.B. ein Maß für die Intensität dieses Vorgangs.

Natürlich wird der Entropiestrom $\mathcal{J}_\alpha$ bei diesem Beispiel in irgend einer Weise mit dem Diffusionsstrom zwischen den als thermodynamischen Komponenten aufgefaßten "lan-

gen" bzw. "zerbrochenen" Molekülen zusammenhängen.
Begrifflich aber sind beide Ströme grundsätzlich voneinander zu unterscheiden !
Der Vollständigkeit halber führen wir noch die Produktion σ_N der Nichtgleichgewichtsentropie ein.
Diese Größe ist bei vorgegebenen Funktionalen $\mathfrak{S}$ und $\mathcal{J}_\alpha$ durch die Bilanzgleichung

$$\varrho \dot{s}_N + \partial_\alpha J_{N\alpha} = \sigma_N \tag{1.9}$$

der Nichtgleichgewichtsentropie definiert.
Sie ist also im allgemeinen auch ein Funktional !
Wir interpretieren σ_N als ein auf die makroskopische Beschreibungsstufe $\hat{f}$ bezogenes Maß für die irreversiblen Veränderungen, welche während eines Prozesses im betrachteten Massenelement pro Zeit- und Volumeneinheit erzeugt oder vernichtet werden.
Die Größe σ_N muß nicht positiv, sie kann auch negativ sein !
Nach (1.7), (1.9) muß aber für alle physikalisch realisierbaren Prozesse und alle Massenelemente ($\underline{X}$) gelten:

$$\int_{-\infty}^{\infty} dt \, \frac{\sigma_N}{\varrho} \geq 0 \quad . \tag{1.10}$$

Nun erhebt sich zunächst die Frage, ob die Funktionale $\mathfrak{S}$ und $\mathcal{J}_\alpha$ eindeutig sind und ob man sie experimentell bestimmen d.h. messen kann.
Dazu wollen wir hier zunächst nur feststellen, daß man unter gewissen, später noch genauer erläuterten mathe-

matischen und physikalischen Bedingungen, welche die Struktur dieser Funktionale und die Materialgleichungen des Systems betreffen, die Eindeutigkeit von $\mathfrak{S}$ und $\mathcal{J}_\alpha$ nachweisen kann.
Unter denselben Voraussetzungen können dann auch Meßvorschriften für $\mathfrak{S}$ und $\mathcal{J}_\alpha$ aus den Materialgleichungen des Systems abgeleitet werden. (Vgl.Kap.2).
Bevor wir nun einige allgemeine Eigenschaften der Funktionale $\mathfrak{S}$ und $\mathcal{J}_\alpha$ anführen, sei auf eine wichtige Verallgemeinerung des 2. Hauptsatzes hingewiesen:
Wir haben bis jetzt nur thermodynamische Systeme betrachtet, welche aus einer Phase und einer Komponente bestehen und die mit ihrer Umgebung nur Arbeit und Wärme aber keine Masse austauschen sollen.
Nunmehr wollen wir ein thermodynamisches System betrachten, welches aus einer fluiden Phase und beliebig vielen Komponenten besteht. Die Umgebung des Systems sei ein Wärmebad, welches sich bei der Temperatur T und dem Druck P in einem thermodynamischen Gleichgewichtszustand befindet. Das System tausche mit dem Bad Arbeit, Wärme und Masse aus.

Wir wollen nun zeigen, daß der 2. Hauptsatz der Thermodynamik unter ganz ähnlichen Voraussetzungen wie früher, auch für solche Systeme in der Form (1.7) gültig ist. Dazu schreiben wir zunächst die zu (E.2) korrespondierende Ungleichung für ein System an, welches außer Arbeit und Wärme auch noch Masse mit seiner Umgebung austauscht [15] [9] S.53ff.

$$S(B) - S(A) \geq \int_A^B \left\{ \frac{\delta Q}{T} + \sum_k s_k \, dm_k \right\} .$$

Hier bedeuten δQ die Wärmemenge, die durch die gesamte Oberfläche des Systems bei der Temperatur T des Wärmebades im Zeitelement dt in das (offene) System eintritt. Bezüglich einer experimentellen Definition dieser Größe sei auf [15] S. 178 verwiesen. Die Größen s_k sind die <u>partiellen</u> <u>spezifischen</u> Entropien des Bades definiert durch

$$s_k = \frac{\partial}{\partial \gamma_k} s(P, T, \gamma_1 \dots \gamma_n) \Big/_{T, P, \gamma_k^*} .^{*)}$$

Ferner bedeuten die Größen dm_k die Masse der k. Komponente, welche im Zeitelement dt durch die gesamte Oberfläche des Systems vom Wärmebad in das (offene) System eintritt. Beide Seiten der obigen Ungleichung lassen sich nun wie früher unter Verwendung des Gaußschen Integralsatzes als Volumenintegrale schreiben:

$$\int_{-\infty}^{\infty} dt \int_{V(t)} dV \left\{ \rho \dot{s}_N + \partial_\alpha J_{N\alpha} \right\} \geq 0 .$$

Hierbei haben wir wieder zunächst ganz formal ein skalares Feld s_N und ein Vektorfeld $J_{N\alpha}$ eingeführt, welche nur den Bedingungen

$$\int_{-\infty}^{\infty} dt \int_{V(t)} dV \rho \dot{s}_N = S(B) - S(A) ,$$

$$\int_{-\infty}^{\infty} dt \int_{V(t)} dV \, \partial_\alpha J_{N\alpha} = \int_A^B \left\{ \frac{\delta Q}{T} + \sum_k s_k \, dm_k \right\}$$

---

*) $\gamma_k^* \equiv (\gamma_1 \dots \gamma_{k-1}, \gamma_{k+1} \dots \gamma_n)$.

genügen müssen.

Macht man wieder die Voraussetzung, nicht nur das gesamte System, sondern auch jedes einzelne Massenelement kann als thermodynamisches System im Sinne von SCHOTTKY, und seine Umgebung als Wärmebad angesehen werden, so gilt die letzte Ungleichung auch für jedes einzelne Massenelement. Die Felder S_N und $\mathcal{J}_{N\alpha}$ können in ganz analoger Weise wie früher interpretiert werden. Insbesondere können sie wieder als <u>materialabhängige Funktionale</u> im Sinne von (1.8 a,b) angesehen werden. Natürlich enthält aber nun der thermodynamische Prozeß $f(\underline{x},t)$ bzw. $\hat{f}(\underline{X},t)$ noch zusätzliche Größen, die den Massenaustausch des Massenelementes mit seiner Umgebung beschreiben. Solche Größen sind z.B. die Diffusionsströme der einzelnen thermodynamischen Komponenten. Damit erhält man wieder die Formulierung (1.7) des 2. Hauptsatzes der Thermodynamik. Diese gilt unter den obigen Voraussetzungen also auch für fluide Mehrkomponentensysteme, deren Elemente ($\underline{X}$) untereinander neben Arbeit und Wärme auch Masse austauschen.

Dabei ist unter $f(\underline{x},t)$ bzw. $f(\underline{X},t)$ stets die Gesamtheit aller phänomenologisch definierten Felder zu verstehen, durch welche der betrachtete thermodynamische Prozeß beschrieben wird.

Die oben angegebene physikalische Interpretation der Nichtgleichgewichtsentropie $\mathcal{S}$ und ihres Stromes $\mathcal{J}_\alpha$ legen es nun nahe, diesen Größen gewisse allgemeine physikalische Bedingungen aufzuerlegen. Dadurch wird natürlich die mathematische Struktur der Funktionale eingeschränkt. Wir betrachten also im folgenden nur solche Funktionale $\mathfrak{S}$ und $\mathcal{J}_\alpha$, die bei beliebigen thermodynamischen Systemen für alle thermodynamischen Prozesse f bzw. $\hat{f}$ folgenden allgemeinen Bedingungen genügen: *)

1) Kausalität

Verharrt das Massenelement bis zum Zeitpunkt t_0 in seinem anfänglichen thermostatischen Gleichgewichtszustand, so muß $\mathfrak{S} = s_{st}$ und $\mathcal{J}_\alpha = 0$ sein für $t \leq t_0$.

V: $$\hat{f}(\underline{X}, s) = \hat{f}(\underline{X}, -\infty) \quad \ldots \quad -\infty < s \leq t_0 .$$

A: $$\mathfrak{S}\{\hat{f}(\underline{X}, s), -\infty < s \leq t_0\} = s_{st}(f(\underline{X}, -\infty)), \tag{1.11a}$$

$$\mathcal{J}_\alpha\{\hat{f}(\underline{X}, s), -\infty < s \leq t_0\} = 0 \quad \ldots \quad t \leq t_0 . \tag{1.11b}$$

2) Skaleninvarianz

Die Charakterisierung der irreversiblen Vorgänge im Massenelement durch $\mathfrak{S}$ und $\mathcal{J}_\alpha$ soll unabhängig davon sein, in welchen Einheiten alle in $\hat{f}$ auftretenden Größen gemessen werden. Bei einer Skalentransformation der Grundeinheiten E_L, E_T, E_M, E_θ von Länge, Zeit, Masse und Temperatur muß sich daher der numerische Wert der Funktionale $\mathfrak{S}$ und $\mathcal{J}_\alpha$ mit dem ihrer Dimension entsprechenden Skalenfaktor transformieren.

---

*) V: .... Voraussetzung, A: .... Aussage.

$$V:\; E_L = \lambda E_L',\; E_T = \tau E_T',\; E_M = \mu E_M',\; E_\Theta = \vartheta E_\Theta',$$
$$\hat{f}(\underline{X}, s) \ldots E_L \ldots E_\Theta \rightarrow \hat{f}'(\underline{X}', s') \ldots E_L' \ldots E_\Theta'.$$
$$\lambda > 0,\; \tau > 0,\; \mu > 0,\; \vartheta > 0 \ldots \text{const.} \tag{1.12a}$$

$$A:\; \mathfrak{S}\{\hat{f}(\underline{X}, s), -\infty < s \leq t\} = \frac{\tau^2\vartheta}{\lambda^2}\, \mathfrak{S}\{\hat{f}'(\underline{X}', s'), -\infty < s' \leq \tau t\},$$
$$\mathfrak{Y}_\alpha\{\hat{f}(\underline{X}, s), -\infty < s \leq t\} = \frac{\tau^3\vartheta}{\mu}\, \mathfrak{Y}_\alpha\{\hat{f}'(\underline{X}', s'), -\infty < s' \leq \tau t\}. \tag{1.12b}$$

Sind $\mathfrak{S}$ und $\mathfrak{Y}_\alpha$ keine Funktionale, sondern nur Funktionen von <u>endlich</u> vielen Argumenten, so lassen sich die Funktionalgleichungen (1.12a, b) mit dem Satz von Buckingham [21), 23)] in bekannter Weise auswerten.

3) <u>Objektivität</u>

Die in einem Massenelement ablaufenden irreversiblen Prozesse sind unabhängig davon, ob sie vom Laboratorium, vom Flugzeug, oder von einem sich drehenden Karussell aus beobachtet werden. Die Funktionale $\mathfrak{S}$ und $\mathfrak{Y}_\alpha$ müssen daher als Kenngrößen dieser Prozesse unabhängig davon sein, auf welches Koordinatensystem sie bezogen werden.

Sie müssen also invariant sein gegenüber Koordinatentransformationen der Gestalt (starre Körper Rotation)

$$x_\alpha' = Q_{\alpha\beta}(t)\, x_\beta + R_\alpha(t),$$
$$Q_{\alpha\beta} Q_{\beta\gamma} = \delta_{\alpha\gamma}, \quad \alpha, \beta, \gamma = 1, 2, 3. \tag{1.13}$$

Hier bedeutet $Q_{\alpha\beta}(t)$ eine stetig veränderliche Drehmatrix und $R_\alpha(t)$ einen stetig veränderlichen Translationsvektor. Es gilt

(1.14a)

A: $$\mathfrak{S}\{Q(s)*\hat{f}(\underline{X},s), -\infty<s<t\} = \mathfrak{S}\{\hat{f}(\underline{X},s), -\infty<s\leq t\},$$

$$\mathfrak{I}_\alpha\{Q(s)*\hat{f}(\underline{X},s), -\infty<s<t\} = Q_{\alpha\beta}(t)\,\mathfrak{I}_\beta\{\hat{f}(\underline{X},s), -\infty<s\leq t\}.$$

(1.14b)

4) Zeit- und Raumtranslationsinvarianz.

In zwei thermodynamischen Prozessen $\hat{f}(\underline{X},t)$ und $\hat{f}(\underline{X}+\underline{P},t-\tau)$ welche auseinander durch zeitliche und räumliche Verschiebung ($\underline{P}$ = const, τ = const) aller sie beschreibenden Funktionen hervorgehen, laufen dieselben irreversiblen Prozesse ab.

Daher muß für die Funktionale $\mathfrak{S}$ und $\mathfrak{I}_\alpha$ gelten:

A: $$\mathfrak{S}\{\hat{f}(\underline{X}+\underline{P},s-\tau), -\infty<s\leq t+\tau\} = \mathfrak{S}\{\hat{f}(\underline{X},s), -\infty<s\leq t\}, \quad (1.15a)$$

$$\mathfrak{I}_\alpha\{\hat{f}(\underline{X}+\underline{P},s-\tau), -\infty<s\leq t+\tau\} = \mathfrak{I}_\alpha\{\hat{f}(\underline{X},s), -\infty<s\leq t\}. \quad (1.15b)$$

5) Stetigkeit

Durchlaufen zwei Massenelemente thermodynamische Prozesse $\hat{f}_1(\underline{X},s)$ und $\hat{f}_2(\underline{X},s)$ bei denen sich zueinander korrespondierende Größen zu allen Zeiten s, $-\infty<s\leq t$ nur wenig voneinander unterscheiden, so sollen auch $\mathfrak{S}$ und $\mathfrak{I}_\alpha$ Werte besitzen, die sich wenig voneinander unterscheiden.

V: $$|\hat{f}_1(\underline{X},s) - \hat{f}_2(\underline{X},s)| < \mathfrak{g}(\underline{X},s) \ldots \text{alle } s, \ -\infty<s\leq t,$$

(1.16a)

A: $$|\mathfrak{S}\{\hat{f}_1(\underline{X},s) -\infty<s\leq t\} - \mathfrak{S}\{\hat{f}_2(\underline{X},s), -\infty<s\leq t\}| < \epsilon_S\{\mathfrak{g}(\underline{X},s), -\infty<s\leq t\},$$

$$|\mathfrak{I}_\alpha\{\hat{f}_1(\underline{X},s) -\infty<s\leq t\} - \mathfrak{I}_\alpha\{\hat{f}_2(\underline{X},s), -\infty<s\leq t\}| < \epsilon_\alpha\{\mathfrak{g}(\underline{X},s), -\infty<s\leq t\}.$$

(1.16b)

6) Symmetrie-Eigenschaften des Materials.

Die Funktionale $\mathfrak{S}$ und $\mathfrak{I}_\alpha$ müssen invariant sein gegenüber den Symmetrieoperationen des Materials. Unter einer Symmetrieoperation verstehen wir dabei jede Transformation, der gegenüber der undeformiert gedachte Anfangszustand des Materials invariant ist. Bei Flüssigkeiten und Gasen, auf welche wir uns im folgenden beschränken, ist jede unimodulare d.h. jede volumenerhaltende Koordinatentransformation

$$X_\alpha' = R_{\alpha\beta} X_\beta, \qquad \alpha = 1,2,3$$
$$\mathrm{Det}\, R_{\alpha\beta} = 1$$

eine Symmetrieoperation. Es gilt daher:

A: $$\mathcal{S}\{\hat{f}(\underline{\underline{R}}\,\underline{X}, s), -\infty < s \leq t\} = \mathcal{S}\{\hat{f}(\underline{X}, s), -\infty < s \leq t\}, \quad (1.17a)$$

$$\mathcal{J}_\alpha\{\hat{f}(\underline{\underline{R}}\,\underline{X}, s), -\infty < s \leq t\} = \mathcal{J}_\alpha\{\hat{f}(\underline{X}, s), -\infty < s \leq t\}. \quad (1.17b)$$

7) <u>Thermodynamische Gleichgewichtsbedingung.</u>

Für alle thermodynamischen Prozesse $\hat{f}(\underline{X}, t)$ welche für $t \to \infty$ ein und demselben thermostatischen Zustand $f_\infty(\underline{X})$ zustreben, muß $\mathcal{S}$ dem Wert der thermo~~dynamischen~~ statischen Entropie in diesem Zustand zustreben und $\mathcal{J}_\alpha$ verschwinden.

V: $$\lim_{t \to \infty} \hat{f}(\underline{X}, t) = f_\infty(\underline{X}).$$

A: $$\lim_{t \to \infty} \mathcal{S}\{\hat{f}(\underline{X}, s), -\infty < s \leq t\} = s_{st}(f_\infty(\underline{X})), \quad (1.18a)$$

$$\lim_{t \to \infty} \mathcal{J}_\alpha\{\hat{f}(\underline{X}, s), -\infty < s \leq t\} = 0, \quad \alpha = 1,2,3. \quad (1.18b)$$

8) <u>Der 2. Hauptsatz der Thermodynamik</u>

Aus (1.7) folgt mit (1.8a, b)

$$\int_{-\infty}^{\infty} dt \left(\dot{\mathcal{S}} + \frac{1}{\rho} \partial_\alpha \mathcal{J}_\alpha \right) \geq 0 \ldots \text{alle } \hat{f}(\underline{X}, t). \quad (1.19)$$

Die Funktionale $\mathfrak{S}$ und $\mathcal{J}_\alpha$ müssen so beschaffen sein, daß diese Ungleichung für alle Massenelemente ($\underline{X}$) und beliebige thermodynamische Prozesse $\hat{f}(\underline{X},t)$ gilt ! Dabei ist zu beachten, daß die in $\hat{f}(\underline{X},t)$ enthaltenen Funktionen im allgemeinen nicht unabhängig voneinander vorgebbar sind. Vielmehr bestehen zwischen ihnen gewisse Beziehungen, welche durch die Gesetze der Thermostatik und die Bilanzgleichungen der kontinuierlichen Materie bedingt werden.

Der Ungleichung (1.19) kommt im folgenden noch besondere Bedeutung zu: sie ist ein wertvolles Hilfsmittel bei der Begründung der Struktur der Funktionale $\mathfrak{S}$ und $\mathcal{J}_\alpha$ und der Materialgleichungen des thermodynamischen Systems. (Vgl.Kap.2)

Als weitere Forderung an die Funktionale $\mathfrak{S}$ und $\mathcal{J}_\alpha$ könnte man noch das Äquipräsenzprinzip von Truesdell (principle of equipresence) anführen [16] (S.359,364). Diesem Prinzip haben wir aber bereits durch die Annahme Genüge geleistet, daß die Funktionale $\mathfrak{S}$ und $\mathcal{J}_\alpha$ vom <u>selben</u> Funktionensatz $\hat{f}$ abhängen sollen.

Die Struktur der Funktionale $\mathfrak{S}$ und $\mathcal{J}_\alpha$ wird durch die Bedingungen (1.11-19) erheblich eingeschränkt.

Dies soll im folgenden Abschnitt im Rahmen der Entwicklung einer Thermodynamik der Vorgänge für ein fluides n-Komponenten-System noch explizit gezeigt werden.

2. Thermodynamik der Vorgänge in fluiden Systemen

Wir wollen in diesem Kapitel die Grundgleichungen einer Thermodynamik der irreversiblen Prozesse für ein fluides System, welches aus einer Phase und n Komponenten besteht und auf welches äußere Kräfte einwirken, entwickeln.
Die Erfahrung zeigt, daß in einem solchen System folgende irreversible Prozesse auftreten können:

Wärmeleitung, Diffusion, innere Reibung, chemische Reaktionen und innere Relaxationsvorgänge. +)

Wir wollen zunächst alle Felder, durch welche diese Prozesse beschrieben werden, anführen und definieren.
Danach sollen die Gesetze der Thermostatik und die Erhaltungssätze der kontinuierlichen Materie in der Gestalt von Bilanzgleichungen formuliert werden.
Anschließend klassifizieren wir alle fluiden Medien nach der Struktur ihrer charakteristischen Funktionale $\mathfrak{S}$ und $\mathfrak{F}_{\alpha}$. Aus dem 2. Hauptsatz der Thermodynamik läßt sich dann für eine wichtige Klasse von Medien eine spezielle Ungleichung, die <u>Semipassivitätsungleichung</u>, herleiten.
Diese Ungleichung stellt zusammen mit dem Begriff der

+) Als "inneren Relaxationsvorgang" bezeichnet man die Relaxation von inneren Freiheitsgraden-z.B.Rotations- oder Schwingungsfreiheitsgraden-der Moleküle des Systems. Beispiel: Relaxation der Protonenspins in einer Mischung von Ortho- und Parawasserstoff.

<u>Geschichte</u> eines thermodynamischen Systems den Schlüssel zur Aufstellung der Materialgleichungen des Systems dar. Abschließend werden alle das System beschreibenden Felder und die zu ihrer Bestimmung nötigen Gleichungen in einer Tabelle zusammengestellt.

<u>Bezeichnungen</u>

$\rho_i(x_\alpha, t)$, $i = 1 \ldots n$	Dichte der i.Komponente
$\rho = \sum_i^n \rho_i$	Gesamtdichte
$\gamma_i = \rho_i / \rho$	Konzentration der i.Komponente
$v_{i\alpha}$ $\quad \alpha = 1,2,3$	Geschwindigkeit der i.Komponente
$v_\alpha = \sum_i \rho_i v_{i\alpha} / \rho$	Baryzentrische Geschwindigkeit
$J_{i\alpha} = \rho_i (v_{i\alpha} - v_\alpha)$	Diffusionsstrom
Γ_i	Massenproduktion der i.Komponenten pro Raum- und Zeiteinheit.
$K_{i\alpha}$	Äußere Kraft, welche pro Masseneinheit auf die i.Komponente wirkt.
$P_{\alpha\beta}$	dynamischer Drucktensor
e	spezifische Gesamtenergie
$u = e - \frac{v^2}{2}$	spezifische thermodynamische innere Energie.
J_α	gesamter Energiestrom
$J_{u\alpha} = J_\alpha - e\rho v_\alpha - P_{\alpha\beta} v_\beta$	Wärmestrom
$\vartheta_\alpha = \varepsilon_{\alpha\beta\gamma} x_\beta v_\gamma$	spezifischer äußerer Drehimpuls
$s_{st} = s_{st}(u, \rho, \gamma_1 \ldots \gamma_n)$	thermostatische Entropie
T_{st}	thermostatische Temperatur
T	thermodynamische Temperatur
P_{st}	thermostatischer Druck
$P = \frac{1}{3} \mathrm{Sp}\, P_{\alpha\beta}$	dynamischer Druck

μ_{ist} , $i = 1 \dots n$ thermostatische chemische Potentiale

μ_i thermodynamische chemische Potentiale

$x_\alpha = x_\alpha(\underline{X}, t)$ Bahnkurve eines Massenelementes mit der Anfangslage ($\underline{X}$).

$F_{i\alpha}(\underline{X}, t) = \frac{\partial x_i}{\partial X_\alpha}$ .....Deformationsgradient

$\dot{} = \partial_t + v_\alpha \partial_\alpha$ .....substantielle Zeitableitung

$\partial_t = \frac{\partial}{\partial t}$, $\partial_\alpha = \frac{\partial}{\partial x_\alpha}$

$\eta_{\alpha\beta} = \frac{1}{2}(\partial_\alpha v_\beta + \partial_\beta v_\alpha)$ ...symmetrischer Anteil des Geschwindigkeitsgradienten.

Alle Größen sind Funktionen des Ortes und der Zeit.

Es gelten folgende Beziehungen:

$$\sum_{i=1}^{n} T_i = 0 \ , \ \sum_i^n J_{i\alpha} = 0 \ , \ \sum_i^n \gamma_i = 1 \ , \tag{2.1}$$

$$\rho(t) = \rho(-\infty) \, \mathrm{Det} \, |F_{ij}(t)|^{-1} \ ,$$

$$\eta_{\alpha\beta} = \frac{1}{2} \sum_\gamma \left[\dot{F}_{\alpha\gamma} (F^{-1})_{\gamma\beta} + \dot{F}_{\beta\gamma} (F^{-1})_{\gamma\alpha} \right] ,$$

$$Sp \, \eta_{\alpha\beta} = \eta_{\alpha\alpha} = \partial_\alpha v_\alpha \, .$$

Die spezifische Gesamtenergie e ist die Energie, die in der Masseneinheit in Form von potentieller Energie, kinetischer Energie der Translationsfreiheitsgrade Bindungsenergie der Moleküle, also chemischer Energie und Rotations- bzw. Schwingungsenergie der inneren Freiheitsgrade gespeichert ist.

Die spezifische thermodynamische innere Energie u wird <u>definiert</u> als galileiinvarianter Anteil von e.

Daher gilt:

$$u = e - \frac{1}{2} v^2 \ .$$

In ähnlicher Weise wird der Wärmestrom $J_{u\alpha}$ als galilei-invarianter Anteil des gesamten Energiestroms definiert. Daher gilt: $J_{u\alpha} = J_\alpha - e\varrho v_\alpha - P_{\alpha\beta} v_\beta$. Hier bedeutet $e\varrho v_\alpha$ den konvektiven Energiestrom und $P_{\alpha\beta} v_\beta$ den Arbeitsstrom. Die thermostatischen Intensivparameter $T_{st}, P_{st}, \mu_{ist}$ bedeuten jene Temperatur, Druck und chemische Potentiale, welche im Massenelement dm mit den Extensivparametern u, ϱ, γ_i herrschen würden, wäre es im thermodynamischen Gleichgewicht. Diese Parameter lassen sich mit Hilfe der Gibbsschen Fundamentalgleichung als Funktionen von u, ϱ, γ_i bestimmen:

$$ds_{st} = \frac{1}{T_{st}} du + \frac{P_{st}}{T_{st}} d\left(\frac{1}{\varrho}\right) - \sum_{i=1}^{n} \frac{\mu_{ist}}{T_{st}} d\gamma_i , \tag{2.2}$$

$$T_{st} = \left(\partial s_{st} / \partial u\right)^{-1}_{\varrho, \gamma_i} , \tag{2.2a}$$

$$P_{st} = T_{st} \left(\partial s_{st} / \partial (1/\varrho)\right)_{T, \gamma_i} \tag{2.2b}$$

$$\mu_{ist} = - T_{st} \left(\partial s_{st} / \partial \gamma_i\right)_{T\varrho} , \quad i = 1 \ldots n . \tag{2.2c}$$

Neben diesen statischen Intensivparametern führen wir noch die sogenannten dynamischen Intensivparameter $T, P_{\alpha\beta}, \mu_i$ ein.

Man kann diese Größen entweder empirisch über Meßvorschriften oder statistisch mit Hilfe der molekularen Theorie der Materie erklären.

Unterschiede in den Werten der thermostatischen und dynamischen Intensivparameter werden generell dadurch verursacht, daß einerseits die Moleküle außer ihren Translationsfreiheitsgraden auch noch innere Freiheitsgrade besitzen, andererseits dadurch, daß die Geschwindig-

keitsverteilung der Moleküle während des Prozesses keine genaue Maxwell-Boltzmann-Verteilung ist.
Wir interpretieren nun T als Translationstemperatur, d.h. als kinetische Temperatur der Translationsfreiheitsgrade der Moleküle.
Diese Temperatur kann also kinetisch durch die Beziehung

$$\frac{3}{2}kT = \overline{E_{kin}}$$

definiert werden. Hierbei ist k die Boltzmann-Konstante $\overline{E_{kin}}$ der statistische Mittelwert der kinetischen Energie der Translationsbewegung aller Moleküle eines Massenelementes. Befinden sich diese Freiheitsgrade mit den inneren Freiheitsgraden der Atome und Moleküle im thermodynamischen Gleichgewicht, so ist diese Temperatur identisch mit der thermostatischen Temperatur T_{st}.
Während eines thermodynamischen Prozesses können aber die inneren Freiheitsgrade viel stärker bzw. schwächer angeregt sein als der Temperatur der Translationsfreiheitsgrade entspricht.
Dann sind die beiden Temperaturen T und T_{st} voneinander verschieden.
Diese unterschiedliche Anregung der Freiheitsgrade tritt z.B. bei chemischen Reaktionen mit großen Affinitäten auf, wo der "schnelle Schwanz" der Maxwellverteilung der Translationsenergie weitaus stärker be- oder entvölkert wird als die übrige Verteilungskurve.
Ein Beispiel zur Demonstration des Unterschiedes zwischen

T und T_{st} ist eine Mischung aus Ortho- und Parawasserstoff. Werden beide Komponenten mit derselben Temperatur T in einem Verhältnis ϱ_o/ϱ_p gemischt, welches nicht gerade gleich dem der Wechselwirkungsenergie ΔE zwischen den beiden Ionenspins entsprechenden Boltzmannfaktor ist: $(\varrho_o/\varrho_p) \neq \exp(\Delta E/kT)$ +), so stehen die beiden Komponenten nicht im inneren thermodynamischen Gleichgewicht und es ist $T_{st} \neq T$. Der Unterschied zwischen beiden Temperaturen kann mehrere Grade betragen. Infolge der intermolekularen Stöße relaxiert die Temperatur T im Laufe der Zeit nach T_{st}. Dieser "innere" Relaxationsvorgang kann u.U. mehrere Wochen dauern. Der dynamische Drucktensor $P_{\alpha\beta}$ kann kinetisch als Tensor des Impulsflusses der Moleküle definiert werden. Die dynamischen chemischen Potentiale werden durch die Beziehung

$$d(u - Ts_{st})_{T,\varrho} = \sum_i^n \mu_i d\gamma_i \qquad (2.4)$$

definiert. Hierbei ist du die Änderung der inneren Energie des betrachteten Materieelementes die durch Konzentrationsänderungen $d\gamma_i$ bei festem T und ϱ und bei konstanten Werten aller übrigen den Nichtgleichgewichtszustand beschreibenden Parameter hervorgerufen werden. Die Konzentrationsänderungen mögen dabei während des betrachteten thermodynamischen Prozesses erfolgen ! Das Massenelement befindet sich dann in einem Nichtgleichgewichtszustand. Es wird also $\mu_i \neq \mu_{i\,st}$ sein. Nun wollen wir

---

+) Für T = 300K ist im Gleichgewicht $\varrho_o/\varrho_p \sim 3$.

die Erhaltungssätze für Masse, Impuls, Energie und Drehimpuls des thermodynamischen Systems in Form von Bilanzgleichungen angeben.

Für einen mit der Materie mitbewegten Beobachter gilt ([13] S.419):

Satz von der Massenerhaltung

$$\dot{\rho} + \rho\, \partial_\alpha v_\alpha = 0 , \tag{2.5}$$

Bilanz für die Partialdichte

$$\rho \dot{\gamma}_i + \partial_\alpha J_{i\alpha} = T_i , \quad i = 1 \dots n , \tag{2.6}$$

Impulssatz

$$\rho \dot{v}_\alpha + \partial_\beta P_{\alpha\beta} = \sum_{i=1}^{n} \rho_i F_{i\alpha} , \quad \alpha = 1,2,3 \tag{2.7}$$

Energiesatz

$$\rho \dot{e} + \partial_\alpha J_\alpha = \sum_i^{n} \rho_i F_{i\alpha} v_{i\alpha} , \tag{2.8}$$

Drehimpulssatz +)

$$\rho \dot{s}_\alpha + \partial_\delta \left(\varepsilon_{\alpha\beta\gamma} x_\beta P_{\gamma\delta} \right) = \varepsilon_{\alpha\beta\gamma} x_\beta \sum_i \rho_i F_{i\gamma} + \frac{1}{2} \varepsilon_{\alpha\beta\gamma} \left(P_{\beta\gamma} - P_{\gamma\beta} \right) . \tag{2.9}$$

Aus dem Energiesatz und dem mit v_α multiplizierten Impulssatz folgt eine Bilanzgleichung für die innere Energie:

$$\rho \dot{u} + \partial_\alpha J_{u\alpha} = \sum_i^{n} F_{i\alpha} J_{i\alpha} - P_{\alpha\beta} \partial_\beta v_\alpha . \tag{2.10}$$

Schreibt man den Drehimpulssatz für ein gegenüber dem alten System um den konstanten Vektor a_α verschobenes Koordinatensystem an, subtrahiert von der so gewonnenen Beziehung die Gleichung (2.9) und setzt dann $a_\alpha = 0$,

---

+) Wir betrachten hier nur Systeme ohne Kopplung zwischen Bahndrehimpuls und innerem Drehimpuls. Nur für solche Systeme besitzt der Drehimpulssatz die Gestalt (2.9) !

so erhält man die Aussage

$$P_{\alpha\beta} = P_{\beta\alpha} \,, \qquad \alpha,\beta = 1,2,3. \tag{2.11}$$

Der dynamische Spannungstensor ist symmetrisch ! (Boltzmannsche Beziehung). Bei Systemen und Prozessen, bei welchen innerer und äußerer Drehimpuls miteinander gekoppelt sind (Einstein- de Haas-Effekt), gilt die Beziehung (2.11) im allgemeinen nicht mehr.
Wir sehen hier aber von der Untersuchung solcher Systeme ab. Als thermodynamischen Prozeß bezeichnen wir nun die Gesamtheit der Felder

$$\begin{aligned} f(\underline{x},t) = \{ & u(\underline{x},t),\ \varrho,\ \gamma_i,\ T_{st},\ P_{st},\ \mu_{ist}, \\ & T,\ P_{\alpha\beta},\ \mu_i, \\ & K_{i\alpha},\ J_{i\alpha},\ T_i,\ v_\alpha,\ \partial_\beta v_\alpha \}, \end{aligned} \tag{2.12}$$

bzw. bei Bezug auf ein Massenelement (X_α):

$$\begin{aligned} \hat{f}(\underline{X},t) = \{ & u(\underline{X},t),\ \varrho,\ \gamma_i,\ T_{st},\ P_{st},\ \mu_{ist}, \\ & T,\ P_{\alpha\beta},\ \mu_i, \\ & K_{i\alpha},\ J_{i\alpha},\ J_{u\alpha},\ T_i,\ v_\alpha,\ x_\alpha,\ F_{i\alpha},\ \dot{F}_{i\alpha} \}. \end{aligned} \tag{2.12'}$$

Diese Felder lassen sich klassifizieren, je nachdem ob sie in einem thermostatischen Gleichgewichtszustand verschwinden oder nicht. Wir setzen

$$\hat{f} = \Xi + \xi \,, \tag{2.13}$$

$$\Xi = (\Xi_\rho) = \left(u(\underline{X},t),\ \varrho,\ \gamma_i,\ T_{st},\ P_{st},\ \mu_{ist},\ K_{i\alpha},\ F_{i\alpha} \right), \tag{2.13a}$$

$$\xi = (\xi_\rho) = \left(\frac{1}{T} - \frac{1}{T_{st}},\ P_{\alpha\beta} - P_{st}\delta_{\alpha\beta},\ \frac{\mu_i}{T} - \frac{\mu_{ist}}{T_{st}},\ J_{i\alpha},\ J_{u\alpha},\ T_i,\ \dot{F}_{i\alpha} \right). \tag{2.13b}$$

Alle fluiden und festen thermodynamischen Systeme lassen sich nun nach der Struktur ihrer Entropie- bzw. Entropiestromfunktionale $\mathcal{S}$ und $\mathcal{J}_\alpha$ klassifizieren.

Wir betrachten hier nur Medien, für welche diese Funktionale folgende Struktur haben:

$$\begin{aligned} \mathcal{S}\left\{\hat{f}(\underline{X},s),\, -\infty < s \leq t\right\} = s_0(\underline{X},t) + \\ + \sum_{\mu=0}^{m} h_\mu\left(\Xi, \ldots \dot{\Xi}^{(\mu)}(\underline{X},t), \xi \ldots \dot{\xi}^{(\mu+1)}(\underline{X},t)\right) + \\ + \sum_{\nu=1}^{n} \sum_{\mu=0}^{m} \int_{-\infty}^{t} ds_1 \ldots \int_{-\infty}^{s_{\nu-1}} ds_\nu\, H_\nu\left(\Xi \ldots \dot{\Xi}^{(\mu)}, \xi \ldots \dot{\xi}^{(\mu)}(\underline{X},s_\nu), s_{\nu-1} - s_\nu\right), \end{aligned} \tag{2.14a}$$

$$\begin{aligned} \mathcal{J}_\alpha\left\{\hat{f}(\underline{X},s),\, -\infty < s \leq t\right\} = J_{0\alpha}(\underline{X},t) + \\ + \sum_{\mu=0}^{m} g_{\alpha\mu}\left(\Xi \ldots \dot{\Xi}^{(\mu)}(\underline{X},t), \xi \ldots \dot{\xi}^{(\mu+1)}(\underline{X},t)\right) + \\ + \sum_{\nu=1}^{n} \sum_{\mu=0}^{m} \int_{-\infty}^{t} ds_1 \ldots \int_{-\infty}^{s_{\nu-1}} ds_\nu\, \Phi_{\alpha\nu}\left(\Xi \ldots \dot{\Xi}^{(\mu)}(\underline{X},s_\nu), \xi \ldots \dot{\xi}^{(\mu)}(\underline{X},s_\nu), s_{\nu-1} - s_\nu\right). \end{aligned} \tag{2.14b}$$

Solche Medien bezeichnen wir in Anlehnung an Truesdell [16] (S.93ff) als vom "Differentialtyp der Komplexität m" und vom "Integraltyp der Komplexität n".

Bei der Wahl der Darstellung (2.14a, b) haben wir die physikalische Annahme getroffen, daß der Wert der Funktionale $\mathcal{S}$ und $\mathcal{J}_\alpha$ zum Zeitpunkt t speziell vom Verlauf des thermodynamischen Prozesses zu diesem Zeitpunkt und von der Vorgeschichte des Prozesses nur über Nacnwirkungsintegrale endlicher Ordnung abhängt. Diese Annahme wird durch die Erfahrungen nahegelegt, welche man mit anderen auch materialabhängigen Größen im Bereich der "Rationalen Thermomechanik" gemacht hat. (Vgl.16-18).

Die "Komplexität" m gibt dabei an, in welchem Umfang bzw. bis zu welchem Grade die inneren Eigenschaften des betrachteten thermodynamischen Prozesses zum Zeitpunkt t, dargestellt durch die Differentialquotienten 1., 2., ...m. Ordnung der in $\hat{f}$ enthaltenen Funktionen, in das Entropiefunktional bzw. das Funktional des Entropiestromes eingehen.

Die "Komplexität" n der Integralterme gibt an, in welchem Umfang die Vorgeschichte des thermodynamischen Prozesses und seine inneren Eigenschaften, dargestellt durch die in den Integranden auftretenden Ableitungen, den Wert der Funktionale $\mathfrak{s}$ und $\mathcal{J}_\alpha$ mitbestimmen.
Die Funktionen h_μ, H_ν, $g_{\alpha\mu}$, $\Phi_{\alpha\nu}$ können noch von Material zu Material verschieden sein ! Die Größen s_0 und $J_{0\alpha}$ bedeuten die Entropie bzw. den Entropiestrom wie sie in der klassischen Thermodynamik der irreversiblen Prozesse verwendet werden. Es gilt also [13] (S.423):

$$s_0 = s_{St}(u, g, \gamma_1 \ldots \gamma_n) \quad , \tag{2.15a}$$

$$J_{0\alpha} = \frac{1}{T_{St}}\left(J_{u\alpha} - \sum_i^n \mu_{iSt} J_{i\alpha}\right) . \tag{2.15b}$$

Wir beschränken uns nun hier auf die Diskussion von Medien, die vom Differentialtyp der Komplexität ∅ und vom Integraltyp der Komplexität 1 sind.
Für solche Medien besitzen $\mathfrak{s}$ und $\mathcal{J}_\alpha$ die Struktur:

$$\mathfrak{s}\{\hat{f}(\underline{X}, s), -\infty < s \leq t\} = s_0(\underline{X}, t) + \\ + h(\Xi, \xi) + \int_{-\infty}^{t} H(\Xi(\underline{X}, s), \xi(\underline{X}, s), t-s)\, ds , \tag{2.16a}$$

$$\mathcal{J}_\alpha\{\hat{f}(\underline{X}, s), -\infty < s \leq t\} = J_{0\alpha}(\underline{X}, t) + \\ + g_\alpha(\Xi(\underline{X}, t), \xi(\underline{X}, t)) + \int_{-\infty}^{t} \Phi_\alpha(\Xi(\underline{X}, s), \xi(\underline{X}, s), t-s)\, ds , \tag{2.16b}$$

mit im allgemeinen materialabhängigen Funktionen $h, H, g_\alpha, \Phi_\alpha$.
Die Struktur dieser Funktionen wird durch die Forderun-

gen (1.11-19) stark eingeschränkt.

Wir wollen nun darangehen, diese Bedingungen im einzelnen auszuwerten.

Zunächst stellen wir an die Funktionen H(...) und $\Phi_\alpha(\dots)$ welche Nachwirkungserscheinungen im Medium beschreiben, die plausible Forderung, daß sie identisch verschwinden, falls das Medium keinen thermodynamischen Prozeß durchläuft, sondern in seinem anfänglichen Gleichgewichtszustand verharrt:

$$H(\Xi(\underline{X},-\infty),0,t) = 0, \quad \dots \text{alle } \Xi, t, \tag{2.17a}$$

$$\Phi_\alpha(\Xi(\underline{X},-\infty),0,t) = 0, \quad \alpha = 1,2,3 \tag{2.17b}$$

Dann folgt aus der Kausalitätsbedingung (1.11):

$$h(\Xi,0) = 0, \tag{2.18a}$$

$$g_\alpha(\Xi,0) = 0, \quad \alpha = 1,2,3. \tag{2.18b}$$

Aus der Objektivitätsbedingung (1.14a, b) und den Symmetriebedingungen (1.17a, b) folgt zunächst: die Funktionen $h \dots \Phi_\alpha$ können nicht von allen in Ξ bzw. ξ auftretenden Größen einzeln, sondern nur von gewissen Kombinationen von ihnen abhängen[+)] [24)].

+) Wir setzen hier noch voraus, daß das fluide System kein Symmetriezentrum besitzt, also auch invariant gegenüber Spiegelungen des Koordinatensystems ist. Ein Beispiel für eine Flüssigkeit mit Symmetriezentrum ist die optisch aktive Zuckerlösung.

(2.19)

$$h(\overset{\frown}{\omega},\xi) = h(\overset{\frown}{\omega}_0,\xi_0)\,, \qquad \text{a)}$$

$$H(\overset{\frown}{\omega},\xi,t) = H(\overset{\frown}{\omega}_0,\xi_0,t)\,, \qquad \text{b)}$$

$$q_\alpha(\overset{\frown}{\omega},\xi) = q_{Ki}(\overset{\frown}{\omega}_0,\xi_0)K_{i\alpha} + q_i(\overset{\frown}{\omega}_0,\xi_0)J_{i\alpha} + \qquad \text{c)}$$

$$+\, q_u(\overset{\frown}{\omega}_0,\xi_0)J_{u\alpha}\,, \qquad \text{d)}$$

$$\Phi_\alpha(\overset{\frown}{\omega},\xi,t) = \Phi_{Ki}(\overset{\frown}{\omega}_0,\xi_0,t)K_{i\alpha} + \Phi_i(\overset{\frown}{\omega}_0,\xi_0,t)J_{i\alpha} + \qquad (2.20)^{*)}$$

$$+\, \Phi_u(\overset{\frown}{\omega}_0,\xi_0,t)J_{u\alpha}\,.$$

Hier bedeutet D einen Operator der aus allen rechts von ihm stehenden Größen die Drehinvarianten bildet.

Aus der Objektivitätsbedingung (1.14b) folgt ferner

$$\int_{-\infty}^{t} ds\,[\Phi_\alpha(Q(s)\overset{\frown}{\omega}_0, Q(s)\xi_0, t-s) - Q_{\alpha\beta}(t)\Phi_\beta(\overset{\frown}{\omega}_0,\xi_0,t-s)] = 0\,.$$

Da die Vektoren $J_{u\alpha}$ und $K_{i\alpha}$ voneinander unabhängig sind und für die $J_{i\alpha}$ nur eine der Nebenbedingungen (2.1) gilt, folgt

$$\Phi_{Ki} = 0\,, \quad \Phi_i = \Phi(\overset{\frown}{\omega}_0,\xi_0,t)\,, \quad \Phi_u = 0$$

und damit

$$\Phi_\alpha(\overset{\frown}{\omega},\xi,t) = 0\,. \qquad (2.21)$$

Soll der Entropiestrom ein rahmeninvarianter Vektor sein, so kann er kein Nachwirkungsintegral enthalten.

Damit das Funktional (2.16a) die thermodynamische Gleichgewichtsbedingung (1.18a) erfüllt, fordern wir, daß die

---

*) $\overset{\frown}{\omega}_0 = (u(\underline{X},t), \varrho, \gamma_i, D{:}K_{i\alpha})\,,$

$\xi_0 = (T_{st}^{-1} - T^{-1}, (\mu_i/T) - (\mu_{ist}/T_{st}), T_{,i}, D{:}J_{i\alpha}, J_{u\alpha}, P_{\alpha\beta} - P_{st}\delta_{\alpha\beta})$

Nachwirkungsfunktion H(...) der Bedingung

$$\lim_{t\to\infty} t\, H(\Xi_0(s), 0, t) = 0 \tag{2.22}$$

genügt: Das "Gedächtnis" des Materials soll für $t\to\infty$ schneller als t^{-1} verschwinden. Ein Beispiel für derartige Funktionen sind alle Relaxationsfunktionen

$$H(\Xi_0(s), \varrho_0(s), t) = H(\Xi_0(s), \varrho_0(s))\, e^{-t/\tau}. \tag{2.22a}$$

Für die Relaxationszeit τ kann im Mittel eine Zeit von der Größenordnung der Relaxationszeit der Geschwindigkeitskorrelationen der Moleküle angesetzt werden.
Das Funktional (2.16b) erfüllt die thermodynamische Gleichgewichtsbedingung (1.18b) wegen (2.18b) und (2.21).
Wir beschränken uns nun auf Vorgänge, die geringe Abweichungen vom lokalen thermostatischen Gleichgewicht zeigen. Das heißt wir betrachten hier nur Vorgänge, bei denen die Zustände aller Massenelemente nicht beliebig weit weg, sondern stets "in der Nähe" des durch u, ϱ, δ_i^e definierten und i.a. zeitlich veränderlichen begleitenden thermostatischen Gleichgewichtszustandes liegen.
Entwickelt man also eine beliebige Größe, die eine Funktion des thermodynamischen Prozesses ist, in eine Taylorreihe nach denjenigen Größen, die im thermostatischen Gleichgewicht verschwinden, so kann man sich auf wenige Glieder beschränken und die Reihe danach abbrechen.
Entwickelt man in diesem Sinne die Funktionen h, H, g_α um den Gleichgewichtszustand Ξ_0, so erhält man wegen

(2.17a), (2.18a,b) bis auf Glieder, die im thermostatischen Gleichgewicht von mindestens 2.Ordnung verschwinden folgende Darstellungen:

$$h(\Xi_0, \xi_0) = h_T\left(\frac{1}{T_{St}} - \frac{1}{T}\right) + h_i\left(\frac{\mu_i}{T} - \frac{\mu_{iSt}}{T_{St}}\right) + \tag{2.23a}$$
$$+ h_{Ti} T_i + h_{ik}\left(J_{i\alpha} K_{k\alpha}\right) + h_{ui}\left(J_{u\alpha} K_{i\alpha}\right) +$$
$$+ h_p \, Sp\left(P_{\alpha\beta} - P_{St}\,\delta_{\alpha\beta}\right) + \mathcal{O}(2),$$
$$h_{\dots} = h_{\dots}(\Xi_0),$$

$$H(\Xi_0(s), \xi_0(s), t) = H_T\left(\frac{1}{T_{St}} - \frac{1}{T}\right) + H_i\left(\frac{\mu_i}{T} - \frac{\mu_{iSt}}{T_{St}}\right) + \tag{2.23b}$$
$$+ H_i T_i + H_{ik}\left(J_{i\alpha} K_{k\alpha}\right) + H_{ui}\left(J_{ui} K_{i\alpha}\right) +$$
$$+ H_p \, Sp\left(P_{\alpha\beta} - P_{St}\,\delta_{\alpha\beta}\right) + \mathcal{O}(2),$$
$$H_{\dots} = H_{\dots}(\Xi_0(s), t),$$

$$g_{ki}(\Xi_0, \xi_0) = 0 \quad (\text{Vgl. } 2.18\,b) \tag{2.23c}$$
$$g_i(\Xi_0, \xi_0) = g_{iT}\left(\frac{1}{T_{St}} - \frac{1}{T}\right) + g_{i\mu k}\left(\frac{\mu_k}{T} - \frac{\mu_{kSt}}{T_{St}}\right) +$$
$$+ g_{iTk} T_k + g_{ike}\left(J_{k\alpha} K_{e\alpha}\right) +$$
$$+ g_{iuk}\left(J_{u\alpha} K_{k\alpha}\right) + g_{ip} \, Sp\left(P_{\alpha\beta} - P_{St}\,\delta_{\alpha\beta}\right) + \mathcal{O}(2),$$

$$g_u(\Xi_0, \xi_0) = g_{uT}\left(\frac{1}{T_{St}} - \frac{1}{T}\right) + g_{u\mu k}\left(\frac{\mu_k}{T} - \frac{\mu_{kSt}}{T_{St}}\right) \tag{2.23d}$$
$$+ g_{uTk} T_k + g_{uke}\left(J_{k\alpha} K_{\alpha e}\right) +$$
$$+ g_{uk}\left(J_{u\alpha} K_{k\alpha}\right) + g_{up} \, Sp\left(P_{\alpha\beta} - P_{St}\,\delta_{\alpha\beta}\right) + \mathcal{O}(2),$$
$$g_{\dots} = g_{\dots}(\Xi_0).$$

Die Koeffizienten $h_T(\Xi_0) \dots g_{up}(\Xi_0)$ sind im allgemeiden materialabhängige Funktionen der Gleichgewichtsparameter. Der 2. Hauptsatz der Thermodynamik (1.19) liefert mit (2.16a), (2.21) die Ungleichung

$$\int_{-\infty}^{\infty} dt \left\{ \dot{s}_0 + \dot{h} + \dot{H}(t,0) + \int_{-\infty}^{t} ds\, \partial_t H(s,t-s) + \frac{1}{\varrho} \partial_\alpha (J_{0\alpha} + q_\alpha) \right\} \geq 0. \quad (2.24)$$

Wir setzen nun die Ausdrücke (2.15a,b), die Reihenentwicklungen (2.23a-d) in (2.24) ein, vernachlässigen alle Glieder 2.Ordnung und formen den Integranden mit den Bilanzgleichungen (2.5,6,10,11) und (2.28,29) um. Man erhält:

$$\begin{aligned}
\int_{-\infty}^{\infty} dt \Big\{ & \left(\frac{1}{T_{st}} - \frac{1}{T_e}\right)\dot{u} + \sum_{i=1}^{n}\left(\frac{\mu_{ie}}{T_e} - \frac{\mu_{ist}}{T_{st}}\right)\dot{\gamma}_i - \frac{1}{\varrho T_e}\sum_{k=1}^{r} A_{ke}\Gamma_k + \\
& + \frac{1}{\varrho}\partial_\alpha \frac{1}{T_e} J_{u\alpha} + \sum_{i=1}^{n}\left(\frac{K_{i\alpha}}{T_e} - \partial_\alpha \frac{\mu_{ie}}{T_e}\right) J_{i\alpha} + \\
& + \frac{1}{\varrho}\left(\frac{p_{st}}{T_{st}}\delta_{\alpha\beta} - \frac{p_{\alpha\beta}}{T_e}\right)\eta_{\alpha\beta} + \\
& + H_T(\ldots)\left(\frac{1}{T_{st}} - \frac{1}{T}\right) + \sum_{i=1}^{n} H_i(\ldots)\left(\frac{\mu_i}{T} - \frac{\mu_{ist}}{T_{st}}\right) + \sum_{k=1}^{r} B_{\Gamma k}(\ldots)\Gamma_k + \\
& + \sum_{i,k=1}^{n} H_{ik}(\ldots)(J_{i\alpha}K_{k\alpha}) + \sum_{i=1}^{n} H_{ui}(\ldots)(J_{u\alpha}K_{i\alpha}) + \\
& + H_p(\ldots)\, Sp(p_{\alpha\beta} - p_{st}\delta_{\alpha\beta}) + \\
& + \int_{-\infty}^{t} ds\, \partial_t \Big[H_T(\cdot|\cdot)\left(\frac{1}{T_{st}} - \frac{1}{T}\right) + \sum_{i=1}^{n} H_i(\cdot|\cdot)\left(\frac{\mu_i}{T} - \frac{\mu_{ist}}{T_{st}}\right) + \\
& \qquad + \sum_{k=1}^{r} B_{\Gamma k}(\cdot|\cdot)\Gamma_k + \\
& \qquad + \sum_{i,k=1}^{n} H_{ik}(\cdot|\cdot)(J_{i\alpha}K_{k\alpha}) + \sum_{i=1}^{n} H_{ui}(\cdot|\cdot)(J_{u\alpha}K_{i\alpha}) + \\
& \qquad + H_p(\cdot|\cdot)\, Sp(p_{\alpha\beta} - p_{st}\delta_{\alpha\beta}) \Big] \Big\} \geq 0,
\end{aligned} \quad (2.25)$$

$$(\ldots) = (\Xi_0(\underline{X},t), 0), \quad (\cdot|\cdot) = (\Xi_0(\underline{X},s), t-s).$$

Hierbei bedeuten T_e und μ_{ie} eine effektive, d.h. für den irreversiblen Prozeß maßgebende Temperatur, bzw. chemische Potentiale. Diese Größen werden durch folgende Beziehungen definiert:

$$\frac{1}{T_e} = \frac{1}{T_{st}} + \mathfrak{S}_{uT}\left(\frac{1}{T_{st}} - \frac{1}{T}\right) + \mathfrak{S}_{u\mu k}\left(\frac{\mu_k}{T} - \frac{\mu_{k\,st}}{T_{st}}\right) +$$
$$+ \mathfrak{S}_{uTk}\, T_k' + \mathfrak{S}_{uke}\left(J_{k\alpha} K_{e\alpha}\right) +$$
$$+ \mathfrak{S}_{uk}\left(J_{u\alpha} K_{k\alpha}\right) + \mathfrak{S}_{up}\, Sp\left(P_{\alpha\beta} - P_{st}\,\delta_{\alpha\beta}\right),$$

$$\frac{\mu_{ie}}{T_e} = \frac{\mu_{i\,st}}{T_{st}} + \mathfrak{S}_{iT}\left(\frac{1}{T_{st}} - \frac{1}{T}\right) + \mathfrak{S}_{i\mu k}\left(\frac{\mu_k}{T} - \frac{\mu_{k\,st}}{T_{st}}\right) +$$
$$+ \mathfrak{S}_{iTk}\, T_k' + \mathfrak{S}_{iuk}\left(J_{u\alpha} K_{k\alpha}\right) + \mathfrak{S}_{ike}\left(J_{k\alpha} K_{e\alpha}\right) +$$
$$+ \mathfrak{S}_{ip} \cdot Sp\left(P_{\alpha\beta} - P_{st}\,\delta_{\alpha\beta}\right), \quad \mathfrak{S}_{\dots} = \mathfrak{S}_{\dots}\left(\bar{\omega}_{\circ}(\underline{X}, t)\right).$$

Wir interpretieren die effektive Temperatur T_e als diejenige Temperatur, die man während des Vorganges auf einem mit dem Massenelement mitgeführten idealen, d.h. trägheitsfreien Thermometer tatsächlich mißt.

Damit ist zugleich eine Meßvorschrift für T_e gegeben !

Diese Vorschrift scheint allerdings nur bei Vorgängen in thermodynamischen Systemen mit <u>einfacher</u> Geometrie anwendbar zu sein. So kann man etwa Temperaturen in turbulenten Kanalströmungen durch mitgeführte empfindliche Wiederstandsthermometer messen. In Trennkolonnen oder Turbinen dagegen, scheint dieses Verfahren nicht einfach durchführbar zu sein.

Die effektive Temperatur unterscheidet sich nach (2.26a) i.a. von der Temperatur des begleitenden thermostatischen Gleichgewichtszustandes T_{st} und auch von der Translationstemperatur T des Massenelementes. Sie ist ein für Nichtgleichgewichtszustände charakteristischer phänomenologischer Parameter des Massenelementes und gemäß ihrer Meßvorschrift stets positiv.

Stehen die inneren und die Translationsfreiheitsgrade der Moleküle des Massenelementes miteinander im Gleichgewicht, so gilt T_{st} = T und $\mu_k = \mu_{kst}$, $k = 1 \ldots n$. Treten im Massenelement bzw. seiner Umgebung chemische Reaktionen (Γ_k), Diffusionsvorgänge ($J_{k\alpha}$), Wärmeleitung ($J_{u\alpha}$), oder innere Reibung ($P_{\alpha\beta} \neq P_{st} \delta_{\alpha\beta}$) auf, so unterscheidet sich die effektive Temperatur T_e nach (2.26a) i.a. von diesen beiden Temperaturen. Sie wird erst dann gleich, wenn keine der genannten Prozesse auftreten, also das Massenelement sowohl mit seiner Umgebung als auch im inneren Gleichgewicht steht. Das effektive chemische Potential μ_{ie} ist durch die zu (2.4) analoge Gleichung

$$d(u - T_e s_{st})_{T_e, \varrho} = \sum_{i=1}^{n} \mu_{ie} \, d\gamma_i$$

definiert. Es wird identisch mit μ_{ist}, wenn sich das Massenelement im inneren und im Umgebungsgleichgewicht befindet.

Ist das Massenelement zwar im inneren Gleichgewicht ($T = T_{st}$, $\mu_i = \mu_{ist}$), tauscht es aber mit seiner Umgebung Masse, Impuls oder Energie aus oder treten in seinem Inneren noch chemische Reaktionen auf, so ist nach (2.26b) $\mu_{ie} \neq \mu_{ist}$!

Ferner haben wir angenommen, daß im System $n - r \geq 0$ viele <u>unabhängige</u> chemische Reaktionen ablaufen. Denkt man sich die Massenproduktionen der ersten r Komponenten vorgegeben, so lassen sich die übrigen (n - r) vielen Produktionen als Linearkombinationen dieser Größen darstellen:

$$T_i = \sum_{k=1}^{r} \nu_{ik} T_k \, , \quad i = r+1 \dots n. \qquad (2.27)$$

Die ν_{ik} sind gewisse Funktionen der stöchiometrischen Koeffizienten und der Molekulargewichte der einzelnen Komponenten. Es gilt

$$\sum_{i=1}^{n} \mu_{ie} T_i = \sum_{k=1}^{r} A_{ke} T_k \, , \qquad (2.28)$$

$$k = 1 \dots r : \qquad A_{ke} = \mu_{ke} + \sum_{i=r+1}^{n} \mu_{ie} \nu_{ik} \, . \qquad (2.28a)$$

Die Größen A_{ke} heißen "effektive chemische Affinitäten". Sie geben ein Maß für die Heftigkeit bzw. Intensität, mit der die einzelnen chemischen Reaktionen tatsächlich ablaufen. Im Gleichgewicht gilt $\mu_{ie} = \mu_{ist} = \mu$ und $A_{ke} = 0$. Weiter gilt identisch

$$\sum_{i=1}^{n} H_{ri}(\dots) T_i = \sum_{k=1}^{r} B_{rk} T_k \, , \qquad (2.29)$$

$$k = 1 \dots r : \qquad B_{rk} = H_{rk}(\dots) + \sum_{i=r+1}^{n} H_{ri} \nu_{ik} \, , \qquad (2.29a)$$

Die Materialkoeffizienten B_{rk} können als "chemische Nachwirkungskoeffizienten" bezeichnet werden.

Die Ungleichung (2.25) muß für alle Massenelemente ($\underline{X}$) des Systems und für alle thermodynamischen Prozesse $\hat{f}$ gelten. Jedem Term des Integranden von (2.25) kann ein irreversibler Prozeß zugeordnet werden.

Die ersten 6 Terme beschreiben die im Massenelement ablaufenden "instantanen" Prozesse.

Zur Erklärung dieser Bezeichnung bemerken wir, daß jeder dieser Terme 2 Faktoren enthält, die jeder für sich im thermostatischen Gleichgewicht verschwinden. Je einer dieser Faktoren ist gerade, der andere ungerade gegenüber Zeitspiegelung. Der erste dieser Faktoren wird in der klassischen Thermodynamik der irreversiblen Prozesse als thermodynamische Kraft, der letztere als thermodynamischer Fluß bezeichnet.

Jede thermodynamische Kraft hat einen oder mehrere thermodynamische Flüsse zur Folge. Entropieproduktion ist aber mit diesen Prozessen nur dann verknüpft, wenn <u>gleichzeitig</u> sowohl die den thermodynamischen Prozeß hervorrufende Kraft als auch der zugehörige Fluß von Null verschieden sind. Der Term $(T_{st}^{-1} - T_e^{-1})\dot{u}$ beschreibt die Entropieproduktion infolge eines Prozesses, den wir als "lokale dynamische Energiedissipation" bezeichnen wollen.

Um diesen Vorgang zu verdeutlichen, betrachten wir der Einfachheit halber einen Ausgleichsvorgang zwischen der Energie der inneren und der Translationsfreiheitsgrade eines fluiden Einkomponentensystems. Für einen solchen Vorgang gilt

$$\mu = \mu_{st}\,, \quad \dot{T} = 0\,, \quad J_\alpha = 0\,, \quad J_u = 0\,, \quad P_{\alpha\beta} = P_{st}\,\delta_{\alpha\beta}\,.$$

Der obige Term aus dem Integranden von (2.25) reduziert sich zu

$$s_{uT}\left(\frac{1}{T} - \frac{1}{T_{st}}\right)\dot{u}\,.$$

Ist das Massenelement von seiner Umgebung vollständig isoliert, so bleibt während des Ausgleichsvorganges, bei welchem die Temperatur $T \to T_{st}$ strebt, die innere

Energie konstant. Es gilt also $\dot{u} = 0$ und die Entropieproduktion verschwindet. +)

Im Allgemeinen steht aber nun das Massenelement mit seiner Umgebung auch <u>während</u> des inneren Ausgleichsvorganges in Wechselwirkung. Dabei wird Energie ausgetauscht. Faßt man die Umgebung der Einfachheit halber als Wärmeband der Temperatur T auf, so kann man sagen, daß die beiden Temperaturen T und T_{st} des Massenelementes im Laufe der Zeit dieser Temperatur zustreben werden. Dabei ändert sich die innere Energie des Massenelementes von ihrem ursprünglichen Wert $u(0)$ auf einen gewissen asymptotischen Wert u_∞. Während dieses Vorganges ist also i.a. $\dot{u} \neq 0$. Die bei diesem Vorgang in der Zeiteinheit produzierte Entropie wird durch den Ausdruck

$S_{uT}\left(\frac{1}{T} - \frac{1}{T_{st}}\right)\dot{u}$ gegeben.

Der Term $\left((\mu_{ie}/T_e) - (\mu_{ist}/T_{st})\right)\dot{\gamma}_i$ beschreibt einen Prozeß, den wir als "lokale dynamische Konzentrationsänderung" bezeichnen wollen.

+) Die bei diesem Relaxationsvorgang im <u>isolierten</u> System tatsächlich auftretende Entropieproduktion kann im Rahmen der vorliegenden Theorie durch den Term

$$\sum_{i=1}^{n}\left(\frac{\mu_{ie}}{T_e} - \frac{\mu_{ist}}{T_{st}}\right)\dot{\gamma}_i$$

beschrieben werden. Dabei müssen den einzelnen inneren Anregungszuständen ein und desselben Stoffes einzelne thermodynamische Komponenten zugeordnet werden. Der Relaxationsvorgang selbst wird dann als "chemische Reaktion" zwischen den einzelnen so definierten Komponenten aufgefaßt.

Befindet sich das Massenelement nicht im inneren thermodynamischen Gleichgewicht, so ändern sich die Geschwindigkeiten der chemischen Reaktionen und der Diffusionsvorgänge. Außerdem treten zusätzliche innere Ausgleichsvorgänge, nämlich Energieaustausch zwischen den Translations- und den inneren Freiheitsgraden der Moleküle und Atome auf. Der obige Term stellt dann die bei diesen Prozessen zusätzlich produzierte Entropie dar.

Die Terme 3-6 sind aus der klassischen Thermodynamik der irreversiblen Prozesse bekannt. Sie beschreiben chemische Reaktionen, die gewöhnliche Wärmeleitung, Diffusion und innere Reibung im System.

Die übrigen Terme im Integranden von (2.25) rühren vom Nachwirkungsterm der Nichtgleichgewichtsentropie (2.16a) her und beschreiben verschiedene Nachwirkungsprozesse. Diese Prozesse treten häufig als sogenannte Relaxationsprozesse im Massenelement in Erscheinung. Beispiel: Spannungs- bzw. Dehnungsrelaxation in Materialien mit konstanter vorgegebener Dehnung oder Spannung: dielektrische, magnetische und akustische Relaxation in fluiden Systemen.

Der Term $H_T(..)(T_{St}^{-1} - T^{-1})$ beschreibt die Entropieproduktion bei einem Prozeß, den wir als "innere Temperaturrelaxation" bzw. als "inneren Temperaturausgleich" bezeichnen wollen. Ein Beispiel für einen solchen Prozeß ist die Relaxation von überbesetzten inneren Freiheitsgraden in einem energetisch isolierten Massen-

element (u = 0). Dieser Prozeß ist ein irreversibler Prozeß und daher mit Entropieproduktion verbunden.
Dem Term $H_i(\ldots)\left(\frac{\mu_i}{T}-\frac{\mu_{i\,st}}{T_{st}}\right)$ kann ein Prozeß zugeordnet werden, den wir als die "innere chemische Relaxation" bezeichnen wollen. Schließt man das betrachtete Massenelement von seiner Umgebung ab und läßt durch geeignete Dekatalysatoren die Konzentration der einzelnen Komponenten konstant, so tritt ein im allgemeinen rasch abklingender irreversibler Homogenisierungsprozeß auf, bei denen die chemischen Potentiale μ_i ihren Werten im begleitenden thermostatischen Gleichgewichtszustand zustreben.
Der obige Term beschreibt die Entropieproduktion bei diesem Prozeß. Entfernt man die Dekatalysatoren, so werden die Massenproduktionen der einzelnen Komponenten während dieses Prozesses im allgemeinen nicht verschwinden $(T_i \neq 0)$ und damit entsprechend dem Term $B_{Tk}(\ldots)\, T_k$ auch zur Entropieproduktion beitragen.
Die beiden Terme $J_{i\alpha}\left(H_{i\alpha}(\ldots)K_{i\alpha}\right)$ und $J_{u\alpha}\left(H_{ui}(\ldots)K_{i\alpha}\right)$ beschreiben den Einfluß der äußeren Kräfte auf die Entropieproduktion durch ihre Koppelung an die Diffusionsströme bzw. an den Wärmestrom.
Der Term $H_p(\ldots)\,\varphi\left(P_{\alpha\beta}-P_{st}\delta_{\alpha\beta}\right)$ beschreibt die Entropieproduktion bei der Relaxation der Normal- und der Schubspannungen die nicht mit dem Geschwindigkeitsgradienten verknüpft sind ! $(\eta_{\alpha\beta} = 0)$

Bei allen besprochenen Nachwirkungsprozessen wird nun die Entropieproduktion nicht nur durch den momentanen Wert der einzelnen thermodynamischen Größen, sondern auch durch deren Vorgeschichte bestimmt. Der Einfluß dieser Vorgeschichte wird durch das Nachwirkungsintegral in (2.25) beschrieben.

Daß die Vorgeschichte eines fluiden oder auch festen thermodynamischen Systems für dessen Verhalten während eines Prozesses von großer Bedeutung ist, wird am Beispiel der Alterungs- bzw. Ermüdungserscheinungen klar.

Es ist nun zuweilen zweckmäßig, in (2.25) die Nebenbedingungen (2.1) explizit zu berücksichtigen und zu <u>linearen</u> <u>unabhängigen</u> Flüssen überzugehen.

Man erhält dann die Ungleichung

$$
\begin{aligned}
\int_{-\infty}^{\infty} dt \Big\{ & \left(\frac{1}{T_{st}} - \frac{1}{T_e}\right)\dot{u} + \sum_{i=1}^{n-1}\left[\left(\frac{\mu_{ie}}{T_e} - \frac{\mu_{ist}}{T_{st}}\right) - \left(\frac{\mu_{ne}}{T_e} - \frac{\mu_{nst}}{T_{st}}\right)\right]\dot{\gamma}_i - \\
& - \frac{1}{\varrho T_e}\sum_{k=1}^{r} A_{ke}\Gamma_k + \frac{1}{\varrho}\partial_\alpha \frac{1}{T_e} J_{u\alpha} + \sum_{i=1}^{n-1}\left[\frac{1}{T_e}(K_{i\alpha} - K_{n\alpha}) - \partial_\alpha\left(\frac{\mu_{ie}}{T_e} - \frac{\mu_{ne}}{T_e}\right)\right] J_{i\alpha} \\
& + \frac{1}{\varrho}\left(\frac{P_{st}}{T_{st}}\delta_{\alpha\beta} - \frac{P_{\alpha\beta}}{T_e}\right)\eta_{\alpha\beta} + \\
& + H_T(\ldots)\left(\frac{1}{T_{st}} - \frac{1}{T}\right) + \sum_{i=1}^{m} H_i(\ldots)\left(\frac{\mu_i}{T} - \frac{\mu_{ist}}{T_{st}}\right) + \sum_{k=1}^{r} B_{\Gamma k}(\ldots)\Gamma_k + \\
& + \sum_{i=1}^{n-1}\sum_{k=1}^{n} K_{k\alpha}(H_{ik} - H_{nk}) J_{i\alpha} + \sum_{i=1}^{m} H_{ui}(\ldots) J_{u\alpha} + H_p(\ldots)\,\mathrm{Sp}(P_{\alpha\beta} - P_{st}\delta_{\alpha\beta}) \\
& \pm \int_{-\infty}^{t} ds\, \partial_t \Big[H_T(\cdot|\cdot)\left(\frac{1}{T_{st}} - \frac{1}{T}\right) + \sum_{i=1}^{m} H_i(\cdot|\cdot)\left(\frac{\mu_i}{T} - \frac{\mu_{ist}}{T_{st}}\right) + \\
& \qquad + \sum_{k=1}^{r} B_{\Gamma k}(\cdot|\cdot)\Gamma_k + \sum_{i=1}^{m} H_{ui}(\cdot|\cdot) K_{i\alpha} J_{u\alpha} + \\
& \qquad + \sum_{i=1}^{m}\sum_{k=1}^{r} (H_{ik} - H_{nk}) J_{i\alpha} + \\
& \qquad + H_p(\cdot|\cdot)\,\mathrm{Sp}(P_{\alpha\beta} - P_{st}\delta_{\alpha\beta}) \Big] \Big\} \geq 0.
\end{aligned}
\tag{2.25'}
$$

In (2.25') gilt

$$(\ldots) = \left(\tilde{\Xi}_0(\underline{X},t),\, 0 \right), \quad (\cdot|\cdot) = \left(\tilde{\Xi}_0(\underline{X},s),\, t-s \right).$$

Für langsame Prozesse kann man unter gewissen Voraussetzungen an die Materialfunktionen $H_{\ldots}(\cdot|\cdot)$ in (2.25) zur sogenannten "instantanen Näherung" übergehen. Nimmt man an, die Zeitabhängigkeit der Funktionen werde gerade durch (2.22a) beschrieben und ferner, eine beliebige thermodynamische Funktion Y des Massenelementes ändert sich wenig über Zeiten von der Größenordnung τ , so kann man je zwei korrespondierende Nachwirkungsterme in (2.25) nach der Formel

$$f(t) \pm \int_{-\infty}^{t} \partial_t f(s) e^{-(t-s)/\tau} ds = 2\tau f'(t) + \mathcal{O}(\tau^2)$$

durch einen Term von der Größenordnung τ approximieren, also gegenüber den instantanen Termen vernachlässigen.

$$\begin{aligned}\int_{-\infty}^{\infty} dt \Big\{ & \left(\frac{1}{T_{st}} - \frac{1}{T_e} \right) \dot{u} + \sum_{i=1}^{m} \left(\frac{\mu_{ie}}{T} - \frac{\mu_{ist}}{T_{st}} \right) \dot{\gamma}_i - \\ & - \frac{1}{\rho T_e} \sum_{k=1}^{r} A_{ke} T_k + \frac{1}{\rho} \partial_\alpha \frac{1}{T_e} + \\ & + \sum_{i=1}^{m} \left(\frac{K_{i\alpha}}{T_e} - \partial_\alpha \frac{\mu_{ie}}{T_e} \right) J_{i\alpha} + \\ & + \frac{1}{\rho} \left(\frac{P_{st}}{T_{st}} \delta_{\alpha\beta} - \frac{P_{\alpha\beta}}{T_e} \right) \eta_{\alpha\beta} + \mathcal{O}(\tau^2) \Big\} \geq 0 .\end{aligned} \tag{2.30}$$

Diese Ungleichung ist die instantane Näherung des 2. Hauptsatzes für ein fluides n-Komponentensystem vom Differentialtyp der Komplexität 0 und Integraltyp der Komplexität 1. Sie wird auch in Anlehnung an die Theorie semipassiver Funktionensysteme als "Semipassivitätseigenschaft" des thermodynamischen Systems bezeichnet.[25)]

Zur Aufstellung der Materialgleichungen können die Ungleichungen (2.25, 25', 30) in gleicher Weise herangezogen werden. Wir bevorzugen im folgenden (2.30), da sich die dann ergebenden Materialgleichungen physikalisch leichter interpretieren lassen.

Als letzte Vorbereitung müssen wir noch den Begriff der "Geschichte" eines thermodynamischen Systems einführen.([16)]S. 56 ff, [11)]S. 92, [12)], [19)]).

Darunter versteht man eine gewisse Untermenge $\hat{h}(\underline{X},t)$ von Funktionen aus dem thermodynamischen Prozeß $\hat{f}(\underline{X},t)$, die folgende Eigenschaften besitzt:

1) Alle Funktionen aus $\hat{h}(\underline{X},t)$ sind unabhängig voneinander vorgebbar. Sie müssen speziell so gewählt sein, daß die Bilanzgleichungen des Systems keine Bindungen für sie darstellen.
2) Die Funktionen aus $\hat{h}(\underline{X},t)$ bestimmen zusammen mit den Bilanzgleichungen den thermodynamischen Prozeß, den das Massenelement bis zum Zeitpunkt t durchlaufen hat, vollständig.

Man kann also irgendwelche nicht zu $\hat{h}$ gehörende Funktionen $k^{\wedge}(\underline{X},t) = \{k_j^{\wedge}(\underline{X},t), j=1\ldots N\}$ als Funktionale von $\hat{h}$ auffassen.

$$\hat{k}_j(\underline{X},t) = \mathcal{K}_j\{\hat{h}(\underline{X},s), -\infty < s \leq t\}, \quad j = 1\ldots N. \qquad (2.31)$$

Die Anzahl N dieser Gleichungen wird gerade so gewählt, daß sie zusammen mit den Bilanzgleichungen des Systems ein vollständiges Gleichungssystem zur Bestimmung aller in $\hat{f}$ auftretenden Felder bilden.

Bei der Lösung eines konkreten Problems müssen zu diesen Gleichungen natürlich noch die Rand- und Anfangsbedingungen des Systems hinzutreten.

Hierbei verstehen wir unter einem vollständigen Gleichungssystem ein solches, welches ebensoviel Gleichungen wie unbekannte Größen enthält.

Würde man die Anzahl N der Gleichungen (2.31) anders wählen, so erhielte man Gleichungssysteme, die den thermodynamischen Prozeß $\hat{f}$ entweder unvollständig oder überbestimmen. Dies kann unter recht allgemeinen Bedingungen an Hand spezieller thermodynamischen Prozessen, etwa der Schallabsorption in fluiden Medien nachgewiesen werden.

Die Funktionale $\mathcal{K}_j$ müssen experimentell bestimmt werden. Ihre Struktur wird im Gegensatz zur Struktur der Bilanzgleichungen von Material zu Material verschieden sein. Wir nennen die Beziehungen (2.31) daher die Ma-

<u>terialgleichungen</u> des Systems.
Einfache Beispiele für solche Materialgleichungen sind das Ohmsche Wiederstandsgesetz, das Fouriersche Reibungsgesetz oder auch die Beziehungen (E.10, 11). Diese Gleichungen werden in der klassischen Thermodynamik der irreversiblen Prozesse in systematischer Weise als lineare Beziehungen zwischen den "thermodynamischen Flüssen" bzw. Kräften des Systems hergeleitet. Diese Größen werden für gewöhnlich als die gegen Zeitspiegelung nicht invarianten bzw. invarianten Anteile der Entropieproduktion des Systems definiert. Da der hier entwickelte Formalismus die klassische Theorie, speziell die Materialgleichungen (2.31) die Materialgleichungen der klassischen Thermodynamik der irreversiblen Prozesse enthalten sollen, ist es naheliegend, zu versuchen, die Konzepte der thermodynamischen Flüsse und Kräfte auch hier anzuwenden. Tatsächlich besteht die Produktion der Nichtgleichgewichtsentropie für die hier betrachteten Prozesse und Materialien, also der Integrand der Ungleichung (2.30), aus einzelnen Termen, die je einen gegen Zeitspiegelung invarianten und einen nicht invarianten Anteil besitzen. Sollen die Materialgleichungen (2.31) die Gleichungen der klassischen Theorie als Spezialfälle enthalten, so müssen sie offenbar Beziehungen zwischen den geraden und ungeraden Faktoren des Integranden (2.30) sein. Daher ist es naheliegend, eines dieser beiden Systeme von Größen zur Geschichte $\hat{h}$ des Mas-

senelementes zu zählen, das andere den abhängigen Funktionalen $\hat{k}_j$ zuzuordnen. Wir zählen die gegen Zeitspiegelung ungeraden Faktoren zur Geschichte. Außerdem gehören natürlich noch alle Größen dazu, die den begleitenden thermostatischen Gleichgewichtszustand bestimmen:

Somit lautet die "Geschichte" des Massenelementes $(\underline{X})$ zur Zeit t:

$$\hat{h}(\underline{X},t) = (u, \varrho, \gamma_i, \dot{u}, \dot{\gamma}_i, T_k, J_{i\alpha}, J_{u\alpha}, \eta_{\alpha\beta}, \; i = 1\dots n, \; k = 1\dots r, \; \alpha,\beta = 1,2,3). \tag{2.32}$$

Alle übrigen Größen, also z.B. alle in (2.30) auftretenden Vorfaktoren von $\dot{u}$, $\dot{\gamma}_i$, T_i, $J_{i\alpha}$, $J_{u\alpha}$, $\eta_{\alpha\beta}$ müssen dann Funktionen (im allgemeinen sogar Funktionale) von $\hat{h}$ sein:

$$\frac{1}{T_{st}} - \frac{1}{T_e} = F_0(\cdot/\cdot), \tag{2.33}$$

$$\frac{\mu_{ie}}{T_e} - \frac{\mu_{ist}}{T_{st}} = F_i^{(\mu)}(\cdot/\cdot), \quad i = 1\dots n, \tag{2.34}$$

$$-\frac{A_{ke}}{T_e} = F_k^{(A)}(\cdot/\cdot), \quad k = 1\dots r, \tag{2.35}$$

$$\partial_\alpha \frac{1}{T_e} = F_\alpha(\cdot/\cdot), \quad \alpha = 1,2,3, \tag{2.36}$$

$$\frac{K_{i\alpha}}{T_e} - \partial_\alpha \frac{\mu_{ie}}{T_e} = F_{i\alpha}^{(K)}(\cdot/\cdot), \tag{2.37}$$

$$\frac{p_{st}}{T_{st}} \delta_{\alpha\beta} - \frac{p_{\alpha\beta}}{T_e} = F_{\alpha\beta}^{(P)}(\cdot/\cdot). \tag{2.38}$$

Das sind die Materialgleichungen des Systems.
Die linken Seiten dieser Gleichungen beziehen sich alle auf das Massenelement $(\underline{X})$ und den Zeitpunkt t. Ferner bedeutet $(\cdot\!/\!\cdot) = (\hat{h}(\underline{X},t))$.
Drückt man die Anfangslage $(\underline{X}=(X_\alpha))$ mit Hilfe der Bahnkurve des Massenelementes durch die Lage $(\underline{x}=(x_\alpha))$ zum Zeitpunkt t aus: $X_\alpha = X_\alpha(x_\beta, t)$ und setzt diesen Ausdruck in (2.33-38) ein, so gehen diese Gleichungen in Beziehungen zwischen zeitabhängigen Feldern, also in Feldgleichungen über.
Die Gleichungen (2.33-38) sind linear unabhängig. Dies ist eine wesentliche Folge der Wahl der Geschichte (2.32).
Hätten wir anstelle der "Flüsse" $\dot{u} \ldots \eta_{\alpha\beta}$ die Kräfte $\frac{1}{T_{st}} - \frac{1}{T_e}, \ldots \frac{P_{st}}{T_{st}}\delta_{\alpha\beta} - \frac{P_{\alpha\beta}}{T_e}$ in die Geschichte aufgenommen, so hätten wir wegen (2.1) linear abhängige Materialgleichungen erhalten.
Die Gleichungen (2.33) und (2.34) beschreiben die lokale dynamische Energieänderung bzw. die lokalen dynamischen Konzentrationsänderungen im System. Dies wird besonders in den Fällen deutlich, in denen diese Gleichungen nach $\dot{u}$ und $\dot{\gamma}_i$ $(i = 1 \ldots n)$ aufgelöst werden können. Die Gleichung (2.35) beschreibt die chemischen Reaktionen im System.
Die Beziehung (2.36) ist ein verallgemeinertes Temperaturleitungsgesetz; (2.37) und (2.38) beschreiben die Diffusion und die innere Reibung im System.

Die Materialgleichungen werden im nächsten Kapitel noch ausführlich diskutiert werden.
Hier wollen wir nur bemerken, daß sie zusammen mit den Bilanzgleichungen und den thermostatischen Beziehungen ein <u>vollständiges</u> System für alle in f enthaltenen makroskopischen Felder bilden.
Der Übersichtlichkeit halber stellen wir Unbekannte und Gleichungen in einer Tabelle zusammen:

Unbekannte	Anzahl	Anzahl	Gleichungen	
u	1	1	(2.10)	Bilanz-gleichungen
ρ	1	1	(2.5)	
δ_i	$n-1$	$n-1$	(2.6)	
v_α	3	3	(2.7)	
T_{st}	1	1	(2.3a)	Thermo-statische Beziehungen
P_{st}	1	1	(2.3b)	
μ_{ist}	n	n	(2.3c)	
T	1	1	(2.33)	Material-gleichungen
$P_{\alpha\beta} = P_{\beta\alpha}$	6	6	(2.38)	
μ_i	n	n	(2.34)	
$J_{i\alpha}$	$3(n-1)$	$3(n-1)$	(2.37)	
$J_{u\alpha}$	3	3	(2.36)	
T_i	n	r, $n-r$	(2.35)	(2.27)
T_e	1	1	(2.26a)	
μ_{ie}	n	n	(2.26b)	

Zwei Spezialfälle des hier entwickelten thermodynamischen Formalismus sollen in Kap. 4 noch näher diskutiert werden.

3. Diskussion der Materialgleichungen des Systems.

In diesem Kapitel wollen wir die Materialgleichungen (2.33-38) eines fluiden thermodynamischen Systems diskutieren. Das System besteht aus 1 Phase und n-Komponenten, auf welche äußere Volumenkräfte wirken können. Zunächst werden einige allgemeine Eigenschaften dieser Gleichungen angeführt.
Danach werden die Gleichungen linearisiert, die einzelnen Entwicklungskoeffizienten interpretiert und die zugehörigen Onsagerschen Symmetrierelationen angegeben. Die Struktur der Materialgleichungen wird ferner durch eine Clausius-Duhemsche-Ungleichung eingeschränkt, die für "langsame" thermodynamische Prozesse aus der instantanen Näherung (2.30) des 2. Hauptsatzes gefolgert werden kann. Einige physikalische Konsequenzen dieser Ungleichung werden angegeben und di kutiert.
Schließlich wollen wir zeigen, daß aus den hier entwickelten Materialgleichungen die Materialgleichungen der Entropiefreien Thermodynamik und die der klassischen Thermodynamik der irreversiblen Prozesse als Spezialfälle gefolgert werden können.
Die Materialgleichungen (2.33-38) müssen - ähnlich wie die Beziehungen (1.8a,b) - einer Reihe von allgemeinen Bedingungen genügen, die wir nun in der Form von Nebenbedingungen an die Struktur der Funktionen $F_o \ldots F^{(p)}_{\alpha\beta} = \{F^{\cdots}_{\cdots}\}$ formulieren wollen:

1) Kausalität

V: $\hat{h}(\underline{X},t) = \hat{h}(\underline{X},-\infty) = (u^+, \varrho^+, \vartheta_i^+, 0,0,0,0)\,,\ -\infty < s \leq t\,.$

A: $F^{\cdots}_{\cdots}(\hat{h}(\underline{X},t)) = 0\,.$ (3.1)

2) Skaleninvarianz (Vgl. (1.12)):

V: $\hat{h}(\underline{X},t) \ldots E_L \ldots E_\theta \rightarrow \hat{h}'(\underline{X}',t') \ldots E_L' \ldots E_\theta'\,,$

A: $F^{\cdots}_{\cdots}(\hat{h}'(\underline{X}',t')) = [F^{\cdots}_{\cdots}(\lambda,\mu,\tau,\vartheta)]\,F^{\cdots}_{\cdots}(\hat{h}(\underline{X},t))\,.$ (3.2)

Hier bedeutet $[F^{\cdots}_{\cdots}(\lambda \ldots \vartheta)]$ ein Produkt der Skalenfaktoren, welches gerade die Dimension der Funktion $F^{\cdots}_{\cdots}$ besitzt.

3) Objektivität (Vgl. (1.13, 14)):

V: $Q(t)\,\hat{h}(\underline{X},t) = \{u, \varrho, \vartheta_i, T_k, Q_{\alpha\beta} J_{\mu\beta}, Q_{\alpha\beta} J_{i\beta}, Q_{\alpha\beta}\,\eta_{\beta\gamma}\,Q_{\gamma\delta}\}$

A:

$$F_0(Q\hat{h}) = F_0(\hat{h})\,,$$
$$F_i^{(\mu)}(Q\hat{h}) = F_i^{(\mu)}(\hat{h})\,, \qquad (3.3a)$$
$$F_k^{(A)}(Q\hat{h}) = F_k^{(A)}(\hat{h})\,,$$

(3.3b): $F_\alpha(Q\hat{h}) = Q_{\alpha\beta} F_\beta(\hat{h})\,,\ F_{i\alpha}^{(k)}(Q\hat{h}) = Q_{\alpha\beta} F_{i\beta}^{(k)}(\hat{h})\,,$

(3.3c): $F_{\alpha\beta}^{(P)}(Q\hat{h}) = Q_{\alpha\beta} F_{\beta\gamma}^{(P)}(\hat{h})\, Q_{\gamma\delta}\,,\ i = 1 \ldots n,\ k = 1 \ldots r.$

4) Zeit- und Raumtranslationsinvarianz:

Die Funktionen $F^{\cdots}_{\cdots}$ sind invariant gegenüber Raum- und Zeitverschiebungen, da die Geschichte $\hat{h}$ per definitionem nicht explizit von $\underline{x}$ und t abhängt und weil die Zeit wegen der Kausalitätsbedingungen nicht explizit neben $\hat{h}$ auftreten kann.

5) Stetigkeit

Die Funktionen $F_{\cdots}^{\cdots}$ sollen stetig sein in allen ihren Argumenten.

6) Symmetrie-Eigenschaften des Materials

Die Materialgleichungen (2.33-38) beschreiben ein fluides und kein festes Medium.
Dies haben wir bereits durch die Wahl der Geschichte des Systems berücksichtigt: in (2.32) treten nur Funktionen auf, die gegenüber den unimodularen Transformationen des Ausgangszustandes (1.17) und Spiegelungen des Koordinatensystems invariant sind.

7) Thermodynamische Gleichgewichtsbedingung.

V: $\lim_{t\to\infty} \hat{h}(\underline{X},t) = \hat{h}(\underline{X},\infty) = (u_{\infty}, \varrho_{\infty}, \vartheta_{i\infty}, 0,0,0,0),$

A: $\lim_{t\to\infty} F_{\cdots}^{\cdots}(h(\underline{X},t)) = 0$.

Diese Bedingung ist wegen der Kausalitätsbedingung von selbst erfüllt.

8) Der 2. Hauptsatz der Thermodynamik

Diese Nebenbedingung wird an anderer Stelle besprochen werden.

Wir entwickeln nun die im allgemeinen nichtlinearen Funktionen $F_{\cdots}^{\cdots}$ in (2.33-38) um einen Gleichgewichtszustand $(u, \varrho, \vartheta_i)$ und beschränken uns auf die Glieder 1. Ordnung in den Abweichungen vom thermodynamischen Gleichgewicht. Dann gilt wegen (3.1) und (3.3):

$$\frac{1}{T_{st}} - \frac{1}{T_e} = E\dot{u} + \sum_{i=1}^{n} E_i \dot{\gamma}_i + \sum_{k=1}^{r} E_{ok} \dot{T}_k + \sum_{i=1}^{n} E_{ui} K_{i\alpha} J_{u\alpha} + \sum_{i,k=1}^{n} E_{ik} K_{i\alpha} J_{k\alpha} + E_o \, Sp\, \eta_{\alpha\beta} + O(2), \qquad (3.4)$$

$$\frac{\mu_{ie}}{T_e} - \frac{\mu_{ist}}{T_{st}} = K_i \dot{u} + \sum_{k=1}^{n} K_{ik} \dot{\gamma}_k + \sum_{k=1}^{r} K_{oik} \dot{T}_k + \sum_{k=1}^{n} K_{uik} K_{k\alpha} J_{u\alpha} + \sum_{j,k=1}^{n} K_{ijk} K_{j\alpha} J_{k\alpha} + K_{oi} \, Sp\, \eta_{\alpha\beta} + O(2), \quad i = 1 \dots n, \qquad (3.5)$$

$$-\frac{A_{ke}}{T_e} = C_k \dot{u} + \sum_{e=1}^{n} C_{ke} \dot{\gamma}_e + \sum_{e=1}^{r} C_{oke} \dot{T}_e + \sum_{e=1}^{n} C_{uke} K_{e\alpha} J_{u\alpha} + \sum_{e,m}^{n} C_{kem} K_{e\alpha} J_{m\alpha} + C_{ok} \, Sp\, \eta_{\alpha\beta} + O(2), \quad k = 1 \dots r, \qquad (3.6)$$

$$\partial_\alpha \frac{1}{T_e} = W J_{u\alpha} + \sum_{i=1}^{n} W_i J_{i\alpha} + O(2), \qquad (3.7)$$

$$\frac{K_{i\alpha}}{T_e} - \partial_\alpha \frac{\mu_{ie}}{T_e} = D_i J_{u\alpha} + \sum_{j=1}^{n} D_{ij} J_{j\alpha} + O(2), \quad i = 1 \dots n \qquad (3.8)$$

$$\frac{P_{st}}{T_{st}} \delta_{\alpha\beta} - \frac{P_{\alpha\beta}}{T_e} = \Big(R_u \dot{u} + \sum_{i=1}^{n} R_i \dot{\gamma}_i + \sum_{k=1}^{r} R_{ok} \dot{T}_k + \sum_{i=1}^{n} R_{ui} K_{i\alpha} J_{u\alpha} + \sum_{i,k} R_{ik} K_{i\alpha} J_{k\alpha} + R_o \, Sp\, \eta \Big) \delta_{\alpha\beta} + R \eta_{\alpha\beta} + O(2). \qquad (3.9)$$

Alle Materialkoeffizienten E .... R hängen noch von u, ρ, γ_i und eventuell auch noch von den äußeren Kräften $K_{i\alpha}$ ab.+)

Wir wollen nun versuchen, die einzelnen Koeffizienten zu interpretieren.

+) Die Bezeichnung der einzelnen Koeffizienten ist so gewählt, daß die Buchstaben auf die zugeordneten Prozesse hinweisen: E... lokale dynamische Energieänderung, K... lokale dynamische Konzentrationsänderung, C... chemische Reaktionen, W... Wärmeleitung, D... Diffusion, R... innere Reibung.

Die Größe $(1/T_{st}) - (1/T_e)$ kann als phänomenologisches Maß dafür angesehen werden, wieweit die statistische Verteilung der in den Translations- und inneren Freiheitsgraden gespeicherten Energie aller in einem Massenelement vorliegenden Moleküle von einer Gleichgewichtsverteilung abweicht. Die Koeffizienten E, E_i, E_{ok}, E_{ui}, E_{ik} und E_o in (3.4) beschreiben dann, in welchem Maße eine solche Abweichung durch eine zeitliche Änderung der inneren Energie, durch Änderung der Konzentration, durch chemische Reaktionen, durch den Wärmestrom bzw. die Diffusionsströme oder durch einen makroskopischen Geschwindigkeitsgradienten hervorgerufen wird.
Weiter sehen wir die Differenz $(\mu_{ie}/T_e) - (\mu_{ist}/T_{st})$ als phänomenologisches Maß dafür an, wieweit sich die statistische Verteilung der potentiellen Energie aller in einem Massenelement befindlichen Moleküle der i.Komponente von einer Gleichgewichtsverteilung unterscheidet. Die Koeffizienten K_i,K_{ik},K_{oik},K_{uik},K_{ijk} und K_{oi} in (3.5) beschreiben kann, in welchem Maß ein solcher Unterschied durch eine zeitliche Änderung der inneren Energie, durch Änderung der Konzentrationen, durch Massenproduktionen, durch den Wärmestrom bzw. die Diffusionsströme oder durch einen Geschwindigkeitsgradienten hervorgerufen wird.
Die Größen A_{ke} heißen wie erwähnt "effektive chemische Affinitäten".

Sie geben ein Maß für die Intensität bzw. für die Heftigkeit an, mit welcher die chemischen Reaktionen im System tatsächlich ablaufen. Die Parameter c_k, c_{ke} und c_{oke} in (3.6) beschreiben, in welchem Maße die Intensität der chemischen Reaktionen durch eine zeitliche Änderung der inneren Energie des Massenelementes, durch Konzentrationsänderungen, durch die chemischen Reaktionen selbst, durch den Wärmestrom und die Diffusionsströme oder durch einen makroskopischen Geschwindigkeitsgradienten beeinflußt wird.

Die Parameter W und W_i in (3.7) heißen effektive Temperaturleitfähigkeit und effektive Thermo- Diffusionskoeffizienten. Sie geben an, welcher Gradient in der effektiven Temperatur durch einen Wärmestrom bzw. Diffusionsstrom vom Betrag 1 hervorgerufen wird.

Die Koeffizienten D_i heißen Diffusions-Thermoparameter. Die Größen D_i heißen für $i \neq k$ Wechsel- und für i = k eigentliche Diffusionsparameter des Systems. Die Kehrwerte dieser Parameter geben z.B. an, welcher Wärmestrom bzw. Diffusionsstrom durch eine reduzierte spezifische Kraft $(F_{i\alpha}/T_e)$ vom Betrag 1 bei lauter gleichen effektiven chemischen Potentialen $(\mu_{ie} = \mu_e)$ hervorgerufen wird.

Die Materialgleichung (3.9) geht für $\alpha \neq \beta$ in das Newtonsche Reibungsgesetz über: die im Massenelement auftretenden Schubspannungen sind proportional dem Geschwindigkeitsgradienten. Die Größe RT_e entspricht dem Koeffizienten der inneren Reibung. Für $\alpha = \beta$ gibt die linke Seite von (3.9) die Differenzen zwischen dem reduzierten begleitenden thermostatischen Druck und den reduzierten Normalspannungen im Element. Die Koeffizienten R_u, R_i, R_{ok}, R_{ui}, R_{ik}, R_o bzw. R beschreiben, in welchem Maße diese Differenz durch eine zeitliche Änderung der inneren Energie, durch Konzentrationsänderungen, durch chemische Reaktionen, durch den Wärmestrom bzw. die Diffusionsströme oder durch einen Geschwindigkeitsgradienten hervorgerufen werden.

Die Materialkoeffizienten E ...... R unterliegen nun zwei wichtigen Einschränkungen.
Zunächst müssen sie den Onsagerschen Symmetriebeziehungen genügen. [13] (S.450 ff).
Wir führen diese Beziehungen hier ad hoc im Sinne eines 4. Hauptsatzes der Thermodynamik ein. Sie verknüpfen physikalisch die in den Gleichungen (3.4) - (3.9) enthaltenen thermodynamischen "Kreuzeffekte". Darunter ist folgendes zu verstehen: Es ist bekannt, daß Temperaturgradienten Wärmeströme und Gradienten im chemischen Potential Diffusionsströme hervorrufen. Außerdem kann ein Temperaturgradient aber auch einen Diffusionsstrom verursachen. Der zu diesem Effekt gehörende "Kreuzeffekt" ist der Wärmestrom,

welcher durch einen Gradienten im chemischen Potential hervorgerufen wird. Nach Onsager sind nun die phänomenologischen Koeffizienten, welche die beiden Kreuzeffekte beschreiben nicht unabhängig voneinander, sondern gleich. Die allgemeine mathematische Formulierung dieser Aussage lautet in unserem Fall: die Matrix der phänomenologischen Koeffizienten in den Gleichungen (3.4 - 9) muß symmetrisch sein. Somit gilt

$$E_i = K_i \qquad (3.10)$$

$$E_{ok} = C_k \qquad (3.11)$$

$$E_o = R_u \qquad (3.12)$$

$$K_{ij} = K_{ji} \qquad (3.13)$$

$$K_{oik} = C_{ki} \qquad (3.14$$

$$K_{oi} = R_i \qquad (3.15)$$

$$i,j = 1...n$$
$$k,l = 1...r$$

$$C_{oke} = C_{oek} \qquad (3.16)$$

$$C_{ok} = R_{ok} \qquad (3.17)$$

$$W_i = D_i \qquad (3.18)$$

$$D_{ij} = D_{ji} \qquad (3.19)$$

$$i,j = 1\ldots n; k,l\ldots r$$

Der physikalische Inhalt dieser Beziehungen wird klarer, wenn man sie in der Form von "dynamischen Maxwell-Relationen" zwischen partiellen Ableitungen thermodynamischer Größen schreibt. Aus (3.4 - 9) folgt mit (3.10 - 19) und (2.5):

$$\frac{\partial}{\partial \dot{\gamma}_i}\left(\frac{1}{T_{st}} - \frac{1}{T_e}\right) = \frac{\partial}{\partial \dot{u}}\left(\frac{\mu_{ie}}{T_e} - \frac{\mu_{ist}}{T_{st}}\right) \qquad (3.10a)$$

$$\frac{\partial}{\partial T_k}\left(\frac{1}{T_{st}} - \frac{1}{T_e}\right) = \frac{\partial}{\partial \dot{u}}\left(-\frac{A_{ke}}{T_e}\right) \qquad (3.11a)$$

$$-\frac{\partial}{\partial(\dot{\varrho}/\varrho)}\left(\frac{1}{T_{st}} - \frac{1}{T_e}\right)\delta_{\alpha\beta} = \frac{\partial}{\partial \dot{u}}\left(\frac{P_{st}}{T_{st}}\delta_{\alpha\beta} - \frac{P_{\alpha\beta}}{T_e}\right) \qquad (3.12a)$$

$$\frac{\partial}{\partial \dot{\gamma}_k}\left(\frac{\mu_{ie}}{T_e} - \frac{\mu_{ist}}{T_{st}}\right) = \frac{\partial}{\partial \dot{\gamma}_i}\left(\frac{\mu_{ke}}{T_e} - \frac{\mu_{kst}}{T_{st}}\right) \qquad (3.13a)$$

$$\frac{\partial}{\partial T_k}\left(\frac{\mu_{ie}}{T_e} - \frac{\mu_{ist}}{T_{st}}\right) = \frac{\partial}{\partial \dot{\gamma}_i}\left(-\frac{A_{ke}}{T_e}\right) \qquad (3.14a)$$

$$-\frac{\partial}{\partial(\dot{\varrho}/\varrho)}\left(\frac{\mu_{ie}}{T_e} - \frac{\mu_{ist}}{T_{st}}\right)\delta_{\alpha\beta} = \frac{\partial}{\partial \dot{\gamma}_i}\left(\frac{P_{st}}{T_{st}}\delta_{\alpha\beta} - \frac{P_{\alpha\beta}}{T_e}\right) \qquad (3.15a)$$

$$\frac{\partial}{\partial T_l}\left(\frac{A_{ke}}{T_e}\right) = \frac{\partial}{\partial T_k}\left(\frac{A_{le}}{T_e}\right) \qquad (3.16a)$$

$$i,j = 1\ldots n, \quad k,l = 1\ldots r; \quad \alpha,\beta = 1,2,3.$$

$$\frac{\partial}{\partial(\dot{\varrho}/\varrho)}\left(\frac{A_{ke}}{T_e}\right)\delta_{\alpha\beta} = \frac{\partial}{\partial\Gamma_k}\left(\frac{p_{st}}{T_{st}}\delta_{\alpha\beta} - \frac{p_{\alpha\beta}}{T_e}\right) \quad (3.17a)$$

$$\frac{\partial}{\partial J_{i\alpha}}\left(\partial_\alpha \frac{1}{T_e}\right) = \frac{\partial}{\partial J_{u\alpha}}\left(\frac{F_{i\alpha}}{T_e} - \partial_\alpha \frac{\mu_{ie}}{T_e}\right) \quad (3.18a)$$

$$\frac{\partial}{\partial J_{j\alpha}}\left(\frac{F_{i\alpha}}{T_e} - \partial_\alpha \frac{\mu_{ie}}{T_e}\right) = \frac{\partial}{\partial J_{i\alpha}}\left(\frac{F_{j\alpha}}{T_e} - \partial_\alpha \frac{\mu_{je}}{T_e}\right) \text{keine Summe über } \alpha! \quad (3.19a)$$

$$i,j = 1 \ldots n, \quad k,l = 1 \ldots r, \quad \alpha,\beta = 1,2,3.$$

Die Beziehungen (3.10,10a) besagen: Erzeugt eine Konzentrationsänderung $\dot{\gamma}_i$ eine Abweichung der effektiven Temperatur von der begleitenden thermostatischen Temperatur, so erzeugt auch eine Änderung der inneren Energie eine Abweichung des effektiven reduzierten chemischen Potentials μ_{ie}/T_e vom reduzierten thermostatischen Potential μ_{ist}/T_{st}.

Verursacht die Massenproduktion Γ_k eine Abweichung der effektiven Temperatur von der begleitenden thermostatischen Temperatur, so initiiert eine zeitliche Änderung der inneren Energie u nach (3.11,11a) eine reduzierte chemische Affinität.

Die Beziehungen (3.12,12a) besagen: Ruft eine zeitliche Änderung der Dichte $\dot{\varrho}$ eine Abweichung zwischen der effektiven und der begleitenden thermostatischen Temperatur hervor, so erzeugt eine zeitliche Änderung der inneren Energie im Element Normalspannungen, die im allgemeinen vom begleitenden thermostatischen Druck verschieden sind.

Schubspannungen können aber durch eine zeitliche Änderung von u nicht erzeugt werden!

Verursacht eine Konzentrationsänderung in der k.Komponente $\dot{\gamma}_k$ nach (3.13,13a) eine Abweichung in der Energieverteilung der Moleküle der i.Komponente, so erzeugt auch umgekehrt eine Konzentrationsänderung der i.Komponente $\dot{\gamma}_i$ eine von der Gleichgewichtsverteilung verschiedene Energieverteilung der Moleküle der k.Komponente.

Wird die Energieverteilung der Moleküle der i.Komponente durch eine Massenproduktion der k.Komponente gestört, so beeinflußt nach (3.14,14a) auch umgekehrt eine Konzentrationsänderung in der i.Komponente die Intensität der chemischen Reaktionen.

Die Beziehungen (3.15,15a) besagen: Erzeugt eine Dichteänderung $\dot{\varrho}$ eine Abweichung der Energieverteilung der Moleküle der i.Komponente von der Gleichgewichtsverteilung, so ruft eine Konzentrationsänderung der i.Komponente Normalspannungen hervor, die von dem begleitenden thermostatischen Druck verschieden sind. Schubspannungen können aber durch eine zeitliche Änderung von $\dot{\gamma}_i$ nicht erzeugt werden.

Ändert sich die Intensität der k.chemischen Reaktion mit der Massenproduktion T_ℓ, so ändert sich nach (3.16,16a) die Intensität der ℓ. chemischen Reaktion mit der Massenproduktion T_k in gleicher Weise.

Ruft eine Dichteänderung $\dot{\varrho}$ eine Änderung der Intensität der k.chemischen Reaktion hervor, so erzeugt umgekehrt nach (3.17,17a) eine Massenproduktion der k. Komponente Γ_k eine Differenz zwischen den Normalspannungen und dem begleitenden thermostatischen Druck im Massenelement. Schubspannungen können durch die Massenproduktion Γ_k nicht erzeugt werden.

Ändert sich der effektive Temperaturgradient mit dem Diffusionsstrom der i. Komponente, so ändert sich nach (3.18,18a) die den Diffusionsstrom erzeugende thermodynamische Kraft $(F_{i\alpha}/T_e)-\partial_\alpha(\mu_{ie}/T_e)$ mit dem Wärmestrom in gleicher Weise.

Die Relationen (3.19,19a) besagen schließlich: Ruft die der i. Komponente zugeordnete thermodynamische Kraft $(F_{i\alpha}/T_e)-\partial_\alpha(\mu_{ie}/T_e)$ einen Diffusionsstrom in der j. Komponente hervor, so erzeugt die Kraft $(F_{j\alpha}/T_e)-\partial_\alpha(\mu_{je}/T_e)$ einen Diffusionsstrom derselben Größe in der i. Komponente. Im übrigen sind alle angeführten Materialkonstanten bzw. partiellen Differentialquotienten gemäß (3.10-15) <u>nur</u> Funktionen des begleitenden thermostatischen Gleichgewichtszustandes, hängen also nicht von irgendwelchen anderen thermodynamischen Größen ab.

Über die Materialkoeffizienten E..... R kann man mit Hilfe des 2. Hauptsatzes der Thermodynamik noch eine weitere Aussage machen.

Wir betrachten zunächst nur "langsame" thermodynamische Prozesse. (Vgl. Bemerkung vor (2.30)).

Dann gilt der 2. Hauptsatz in der instantanen Näherung (2.30): Setzt man die Materialgleichungen (2.33-38) in diese Ungleichung ein, so folgt nach einem vom Verfasser bewiesenen mathematischen Satz, (Siehe Anhang), aus der Positivität des Integrals die Positivität des Integranden.

Die im allgemeinen nichtlinearen Materialfunktionen müssen also so gewählt werden, daß für alle Geschichten $\hat{h}(\underline{X},t)$ und beliebige Materialelemente $(\underline{X})$ und Zeitpunkte t gilt:

$$F_0(\cdot/\cdot)\dot{u} + \sum_{i=1}^{m} F_i^{(\mu)}(\cdot/\cdot)\dot{\gamma}_i + \frac{1}{\varrho}\sum_{k=1}^{r} F_k^{(A)}(\cdot/\cdot)T_k' + \frac{1}{\varrho} F_\alpha(\cdot/\cdot)J_{u\alpha} + \sum_{i=1}^{m} F_{i\alpha}^{(k)}(\cdot/\cdot)J_{i\alpha} + \frac{1}{\varrho}\sum_{\alpha\beta} F_{\alpha\beta}^{(p)}(\cdot/\cdot)\eta_{\alpha\beta} \geq 0. \tag{3.20}$$

Setzt man für die $F\dots$ die Reihenentwicklungen (3.4-9) ein, so erkennt man, daß alle phänomenologischen Koeffizienten eine symmetrische und positiv definite Matrix bilden müssen. Speziell gilt

$$E \geq 0,\ K_{ii} \geq 0,\ C_{okk} \geq 0,\ W \geq 0,\ D_{ii} \geq 0,\ R \geq 0, \quad i = 1\dots n,\ k = 1\dots r. \tag{3.21}$$

Aus der ersten Ungleichung folgt, daß bei Erhöhung der inneren Energie $(\dot{u} > 0)$ die zugehörige effektive Temperatur wie zu erwarten nicht kleiner ist, als die anfangs vorhandene thermostatische Temperatur: $T_e \geq T_{st}$!

Die Ungleichung $K_{ii} \geq 0$ hat keinen anschaulichen physikalischen Inhalt. Sie besagt, daß bei Erhöhung der Konzentration der i. Komponente $(\dot{\gamma}_i > 0)$ der Nichtgleichgewichtsparameter der i. Komponente $(\mu_{ie}/T_e - \mu_{ist}/T_{st})$ ebenfalls größer wird. Aus dieser Aussage folgt aber nicht unbedingt, daß das Massenelement hinsichtlich der i. Komponente für $\dot{\gamma}_i > 0$ sich vom thermodynamischen Gleichgewicht weg und für $\dot{\gamma}_i < 0$ auf einen thermostatischen Gleichgewichtszustand zu entwickelt.

Aus der Ungleichung $C_{okk} \geq 0$ folgt mit (3.6), daß die chemische Affinität und damit die Intensität der chemischen Reaktionen für $T_k < 0$ zu, für $T_k > 0$ aber abnimmt.

Die Erfahrung zeigt, daß dies für viele chemische Reaktionen zutrifft.

Die letzten 3 Ungleichungen kommen schon in der klassischen Thermodynamik der irreversiblen Prozesse vor. Sie besagen: die "effektive" Wärmeleitfähigkeit, die Diffusionskonstanten und die Konstanten der inneren Reibung sind stets positiv. Setzt man in (3.20) für $F_0 \dots F_{\alpha\beta}^{(p)}$ wieder die linken Seiten der Gleichungen (2.33-38) ein, so erhält man mit (2.2), (2.5-10) und (2.26a,b) die Ungleichung

$$\varrho \dot{s}_{st} + \partial_\alpha J_{N\alpha} \geq 0. \tag{3.22}$$

Hierbei gilt für den Entropiestrom

$$J_{N\alpha} = \frac{1}{T_e} \left(J_{u\alpha} - \sum_{i=1}^{n} \mu_{ie} J_{i\alpha} \right).$$

Dies ist eine Clausius-Duhemsche Ungleichung.

Sie gilt hier nur im Rahmen der instantanen Approximation für fluide Medien vom Differentialtyp der Komplexität 0 und vom Integraltyp der Komplexität 1. Diese Ungleichung ist hier eine Folgerung aus dem 2. Hauptsatz der Thermodynamik und kein selbständiges Postulat. Als Entropie tritt in ihr die thermostatische Entropie des begleitenden Gleichgewichtszustandes, als Entropiestrom ein gegenüber (2.15b) durch das Auftreten der effektiven Temperatur und chemischen Potentiale modifizierter Strom auf.

Verwendet man aber die strenge Form des 2. Hauptsatzes (1.7) so kann man an Hand von Beispielen zeigen, daß eine Clausius-Duhemsche Ungleichung im allgemeinen nicht gelten kann. (Vgl. dazu auch [12].)

Wir wollen nun noch zeigen, daß die Materialgleichungen (3.4-9) die Materialgleichungen der Entropiefreien Thermodynamik und der klassischen Thermodynamik der irreversiblen Prozesse als Spezialfälle enthalten. ([11] S. 92 ff, [12] S. 453, [13] S. 429).

In der Entropiefreien Thermodynamik der irreversiblen Prozesse identifiziert man die Nichtgleichgewichtsentropie mit der thermostatischen Entropie und setzt für den Entropiestrom einen Ausdruck an, der aus dem in der klassischen Thermodynamik der irreversiblen Prozesse verwendeten Strom (2.15) hervorgeht, indem man die thermostatische Temperatur und chemischen

Potentiale durch die dynamische Temperatur bzw. die dynamischen chemischen Potentiale ersetzt. ([11] S. 81,86)

$$\mathcal{E}_N = s_{st} \quad , \tag{3.23a}$$

$$\mathcal{J}_N = \frac{1}{T}\Big(J_{u\alpha} - \sum_{i=1}^{n} \mu_i J_{i\alpha}\Big) . \tag{3.23b}$$

D. h. man setzt $T_e = T$, $\mu_{ie} = \mu_i$, $i = 1 \ldots n$ bzw. für die Materialfunktionen $\mathcal{G}_u \ldots \mathcal{G}_i \ldots$ in (2.26a,b):

$$\mathcal{G}_{uT} = -1 \quad , \tag{3.24a}$$

$$\mathcal{G}_{u\mu_i} = \mathcal{G}_{u\gamma k} = \mathcal{G}_{uj_i} = \mathcal{G}_{up} = 0 \quad ,$$

$$\mathcal{G}_{i\mu_j} = \delta_{ij} \quad , \tag{3.24b}$$

$$\mathcal{G}_{iT} = \mathcal{G}_{i\gamma k} = \mathcal{G}_{iu_j} = \mathcal{G}_{ije} = 0 \; .$$

Dies scheint für alle Prozesse gerechtfertigt zu sein, bei denen sich das Massenelement stets so nahe an einem thermostatischen Gleichgewichtszustand befindet, daß im Entropiestrom Terme, die im thermostatischen Gleichgewicht von 2. Ordnung verschwinden, gegenüber Termen 1. Ordnung vernachlässigt werden können.

Setzt man (3.24a, b) in die Materialgleichungen (2.33 - 38), so erhält man:

$$\begin{aligned}
\frac{1}{T_{st}} - \frac{1}{T} &= F_0(\cdot/\cdot) \,, \\
\frac{\mu_i}{T} - \frac{\mu_{ist}}{T_{st}} &= F_i^{(\mu)}(\cdot/\cdot) \,, \quad i = 1 \ldots n \\
- \frac{A_k}{T} &= F_k^{(A)}(\cdot/\cdot) \,, \quad k = 1 \ldots r \\
\partial_\alpha \frac{1}{T} &= F_\alpha(\cdot/\cdot) \,, \quad \alpha, \beta = 1,2,3 \\
\frac{K_{i\alpha}}{T} - \partial_\alpha \frac{\mu_i}{T} &= F_{i\alpha}^{(h)}(\cdot/\cdot) \,, \\
\frac{p_{st}}{T_{st}} \delta_{\alpha\beta} - \frac{p_{\alpha\beta}}{T} &= F_{\alpha\beta}^{(p)}(\cdot/\cdot) \,.
\end{aligned} \tag{3.26}$$

Dies sind gerade die Materialgleichungen, wie sie in der Entropiefreien Thermodynamik der irreversiblen Prozesse fluider Mehrkomponentensysteme vorgeschlagen werden.[12a) 26)]. Da nun aber die Beziehungen (3.23a,b) bzw. (3.24a,b) keineswegs für alle Medien gelten, sondern im Gegenteil spezielle Annahmen über das Medium darstellen, folgt unmittelbar, daß die von J.Meixner im Rahmen der entropiefreien Thermodynamik der Vorgänge angegebene "fundamentale Ungleichung"[11)] nicht allgemein, sondern nur für spezielle Materialien gültig sein kann, eben für solche, welche die Materialeigenschaften (3.24a,b) besitzen. Umgekehrt folgt daraus, daß der hier entwickelte Formalismus viel allgemeiner als die entropiefreie Thermodynamik ist und daß speziell die Ungleichung (2.30) die "fundamentale Ungleichung" als Spezialfall enthält.

In der klassischen Thermodynamik der irreversiblen Prozesse vernachlässigt man darüber hinaus den Unterschied zwischen der dynamischen und der begleitenden thermostatischen Temperatur und zwischen den dynamischen und den begleitenden thermostatischen chemischen Potentialen.

Man setzt also:

$$T_e = T = T_{st} \quad ,$$
$$\mu_{ie} = \mu_i = \mu_{ist} \quad , \quad i = 1 \ldots n.$$

Dann fallen die beiden ersten Materialgleichungen in (3.26) weg und es gilt

$$\begin{aligned}
- \frac{A_{kst}}{T_{st}} &= F_k^{(A)}(\cdot/\cdot) \quad , \\
\partial_\alpha \frac{1}{T_{st}} &= F_\alpha(\cdot/\cdot) \quad , \quad \alpha, \beta = 1,2,3 \\
\frac{K_{i\alpha}}{T_{st}} - \partial_\alpha\left(\frac{\mu_{ist}}{T_{st}}\right) &= F_{i\alpha}^{(k)}(\cdot/\cdot) \quad , \qquad (3.27) \\
P_{st}\,\delta_{\alpha\beta} - P_{\alpha\beta} &= T_{st}\,F_{\alpha\beta}^{(P)}(\cdot/\cdot) \quad , \quad i = 1 \ldots n, \quad k = 1 \ldots r.
\end{aligned}$$

Dies sind aber gerade die nichtlinearisierten Materialgleichungen der klassischen Thermodynamik der irreversiblen Prozesse. Die Gleichungen beschreiben der Reihe nach chemische Reaktionen, Wärmeleitung, Diffusion und innere Reibung. Innere Verwandlungen im Medium werden auf dieser Beschreibungsstufe der Erscheinungen in kontinuierlicher Materie nicht erfaßt.

Linearisiert man die Gleichungen (3.27) und sieht vom Einfluß äußerer Kräfte ab, so gilt:

$$-\frac{A_{kst}}{T_{st}} = \sum_{e=1}^{r} C_{oke}\, T'_e + C_{ok}\, \partial_\alpha v_\alpha \,,$$

$$\partial_\alpha \frac{1}{T} = W J_{u\alpha} + \sum_{i=1}^{n} W_i J_{i\alpha} \,, \qquad (3.28)$$

$$-\partial_\alpha \frac{\mu_{ist}}{T_{st}} = W_i J_{u\alpha} + \sum_{j=1}^{n} D_{ij} J_{j\alpha} \,,$$

$$P_{st}\delta_{\alpha\beta} - P_{\alpha\beta} = \Big(\sum_{k=1}^{r} C_{ok}\, T'_k + R_0\, \partial_\gamma v_\gamma \Big) \delta_{\alpha\beta} + R\,\eta_{\alpha\beta} \,.$$

Nach einfachen Umformungen gehen diese Beziehungen in die gewohnte Gestalt über: ([13] S.443)

$$T_k = -\frac{\lambda_k}{T_{st}} \partial_\alpha v_\alpha + \sum_{l=1}^{r} \lambda_{kl} \frac{A_{lst}}{T_{st}} ,$$

$$J_{u\alpha} = L_{uu} \partial_\alpha \frac{1}{T_{st}} + \sum_{i=1}^{n} L_{ui} \left(-\partial_\alpha \frac{\mu_{ist}}{T_{st}}\right), \qquad (3.28')$$

$$J_{i\alpha} = l_i \partial_\alpha \frac{1}{T_{st}} + \sum_{k=1}^{n} \frac{l_{ik}}{T_{st}} \left(-\partial_\alpha \frac{\mu_{kst}}{T_{st}}\right)$$

$$P_{st}\delta_{\alpha\beta} - P_{\alpha\beta} = \left[\left(\zeta - \frac{2}{3}\eta\right)\partial_\gamma v_\gamma + \sum_{k=1}^{r} \lambda_k \frac{A_k}{T_{st}}\right]\delta_{\alpha\beta} + 2\eta\, \eta_{\alpha\beta} .$$

Die Koeffizienten λ_k werden als chemische Viskositäten, die λ_{kl} als chemische Reaktionskoeffizienten bezeichnet. Die Größe L_{uu}/T_{st}^2 ist die Wärmeleitfähigkeit des Mediums, die Parameter L_{ui} bzw. l_i hängen mit den Thermo-Diffusions-bzw. Diffusionsthermo-Koeffizienten zusammen; die Matrix (l_{ik}/T_{st}) wird als Diffusionsmatrix bezeichnet; η ist die Newtonsche Schub-, ζ die Volumenviskosität des Mediums. Schließlich geht bei dieser Approximation die Ungleichung (3.22) in die in der klassischen Thermodynamik der irreversiblen Prozesse verwendete Clausius-Duhemsche Ungleichung

$$\rho \dot{s}_{st} + \partial_\alpha \left(\frac{J_{u\alpha}}{T_{st}} - \sum_{i=1}^{n} \left(\frac{\mu_{ist}}{T_{st}}\right) J_{i\alpha} \right) \geq 0$$

über [13] (S.423). Bezüglich der Folgerungen die aus dieser Beziehung gezogen werden können sei auf [13] verwiesen.

4) Diskussion von Spezialfällen.

Wir wollen nun den in Kapitel 2 entwickelten Formalismus und insbesondere die Materialgleichungen (3.4-9) an zwei besonders einfachen Beispielen erläutern.
Als 1. Beispiel wählen wir eine sehr zähe, homogen und isotrope, ruhende einkomponentige Flüssigkeit mit konstanter Dichte- z.B. erstarrtes Glas.
Die einzigen irreversiblen Prozesse, die in dem System auftreten, sind Wärmeleitung und der lokale dynamische Energieausgleich. Zur Bestimmung der diese Prozesse beschreibenden 7 Felder

$$u, \; T, \; T_{st}, \; T_e, \; J_{u\alpha}$$

stehen folgende 7 Gleichungen zur Verfügung:

(2.3a): $$T_{st} = T_{st}(u, \varrho)$$
$$du = c_v(u, \varrho)\, dT_{st}, \qquad (4.1)$$

(2.10) $$\varrho\, \partial_t u + \partial_\alpha J_{u\alpha} = 0 \qquad (4.2)$$

(3.4): $$\frac{1}{T_{st}} - \frac{1}{T_e} = E\dot{u} \qquad (4.3)$$

(2.26a): $$\frac{1}{T_e} = \frac{1}{T_{st}}\left(1 + g_{uT}(\cdot/\cdot)\left(1 - \frac{T_{st}}{T}\right)\right), \qquad (4.4)$$

(3.7): $$\partial_\alpha \frac{1}{T_e} = W J_{u\alpha}\,; \qquad (4.5)$$

Aus diesen Gleichungen wollen wir eine einzige Gleichung für die dynamische Temperatur ableiten.

Dazu machen wir zunächst die Annahme, daß sich die Temperaturen T_{st}, T und T_e während des Prozesses nur wenig voneinander unterscheiden.

Dies ist der Fall, wenn folgende Bedingungen erfüllt sind:

1) Die in den inneren Freiheitsgraden der Moleküle gespeicherte Energie ist klein gegenüber der Energie der Translationsfreiheitsgrade.
2) Die Vorgänge im Medium laufen langsam ab.
   D.h. z.B.: An einem festen Ort ändert sich die Temperatur über Zeiten, die von der Größenordnung der Korrelationszeiten zwischen den Molekülgeschwindigkeiten sind, überhaupt nicht.

Diese Annahmen bedeuten für unseren Formalismus, daß die Parameter E und ϑ_1, letzterer definiert durch $\vartheta_{uT} = -1 + \vartheta_1$ als klein betrachtet werden können.

Setzt man (4.4) in (4.3), so folgt mit (4.1):

$$\dot{T}_{st} + \alpha T_{st} = \alpha T$$

$$\alpha = -\frac{1}{E c_v T_{st}^2} + \mathcal{O}(\vartheta_1) < 0$$

bzw.

$$T_{st}(t) = \alpha \int_{-\infty}^{t} e^{-\alpha(t-s)} T(s)\, ds = T(t) - \frac{\dot{T}(t)}{\alpha} + \mathcal{O}(\alpha^{-2}), \qquad (4.6)$$

Ferner gilt nach (4.4) und (4.6):

$$\frac{1}{T_e} = \frac{1}{T} - \frac{\vartheta_1}{\alpha}\left(\frac{1}{T}\right)^{\cdot} + \mathcal{O}\left(\frac{\vartheta_1}{\alpha^2}\right). \qquad (4.7)$$

Die Temperaturen T_e und T unterscheiden sich also nur um Größen die klein von 2. Ordnung sind.

Aus (4.2) folgt mit (4.1) und (4.5) die Gleichung

$$\varrho c_v \dot{T}_{st} = (W T_{st}^2)^{-1} \Delta T_e ,$$

bzw. mit (4.4), (4.6) und (4.7) die Gleichung

$$\tau \ddot{T} + \dot{T} = \varkappa \Delta T , \qquad (4.8)$$

mit

$$\tau = E c_v T_{st}^2 \geq 0 ,$$
$$\varkappa^{-1} = \varrho c_v W T_{st}^2 \geq 0 , \quad \Delta = \partial_\alpha \partial_\alpha , \quad \dot{} \equiv \partial_t .$$

Die Parameter τ und $\varkappa$ sind nach (3.21) stets positiv. Die Gleichung (4.8) beschreibt einen Temperaturleitungsvorgang mit <u>endlicher</u> Ausbreitungsgeschwindigkeit.

Sie geht im Falle E = 0 in die Fouriersche Wärmeleitungsgleichung über. Die Größe $\mathfrak{S}_1$ tritt in (4.8) nicht auf; eine systematische Rechnung zeigt, daß sie nur Beiträge zu den numerischen Werten von τ und $\varkappa$ liefert, die von höherer Ordnung klein sind.

Als 2. Beispiel wählen wir ein isotropes fluides System, welches aus 2 Komponenten besteht und in welchem als irreversible Prozesse nur Diffusion, Wärmeleitung und lokaler Energieausgleich, aber keine innere Schubreibung oder chemische Reaktion auftreten.

Das System wird durch folgende (linear unabhängigen) Felder beschrieben:

$$u,\ \varrho_i,\ v_{i\alpha},\ s_{st}(u,\varrho,\gamma_1),\ T_{st},\ \mu_{ist},\ P_{st},$$
$$T,\ \mu_i,\ P_{\alpha\beta} = P\delta_{\alpha\beta} \qquad T_e,\ \mu_{ie},\ J_{u\alpha}$$
$$i = 1,2\ ,\ \alpha,\beta = 1,2,3$$

Es ist zweckmäßig neben diesen Feldern noch folgende Größen zu verwenden:

$$\varrho = \varrho_1 + \varrho_2\ ,\quad \gamma_i = \varrho_i/\varrho\ ,\qquad J_{1\alpha} + J_{2\alpha} = 0$$
$$v_\alpha = (\varrho_1 v_{1\alpha} + \varrho_2 v_{2\alpha})/\varrho\ ,\ J_{i\alpha} = \varrho_i(v_{i\alpha} - v_\alpha),\ J_{1\alpha} = -J_{2\alpha} = J_\alpha .$$

Zur Bestimmung der Felder (4.9) stehen folgende 24 Gleichungen zur Verfügung:
Bilanzgleichungen:

(2.5) $$\dot{\varrho} + \partial_\alpha v_\alpha = 0\ , \qquad (4.10)$$

(2.6) $$\varrho\dot{\gamma}_1 + \partial_\alpha J_\alpha = 0\ , \qquad (4.11)$$

(2.7) $$\varrho \dot{v}_\alpha + \partial_\alpha P = \varrho_1 F_{1\alpha} + \varrho_2 F_{2\alpha}\ , \qquad (4.12)$$

(2.8) $$\varrho \dot{u} + \partial_\alpha J_{u\alpha} = -P\partial_\alpha v_\alpha + (F_{1\alpha} - F_{2\alpha})J_\alpha . \qquad (4.13)$$
$$\alpha = 1,2,3 .$$

Thermostatische Beziehungen

$$s_{st} = s_{st}(u,\varrho,\gamma_1,\gamma_2) \qquad (4.14)$$

(2.3a) $$T_{st} = T_{st}(u,\varrho,\gamma_1) \qquad (4.14a)$$

(2.3b) $$P_{st} = P_{st}(u,\varrho,\gamma_1) \qquad (4.14b)$$

(2.3c) $$\mu_{ist} = \mu_{ist}(u,\varrho,\gamma_1) \qquad (4.14c)$$
$$i = 1,2 .$$

Materialgleichungen:

(3.4):
$$\frac{1}{T_{st}}-\frac{1}{T_e} = E\dot{u}+(E_1-E_2)\dot{\gamma}_1+(E_{u1}K_{1\alpha}+E_{u2}K_{2\alpha})J_{u\alpha}+ + E_0\partial_\alpha v_\alpha+[(E_{11}-E_{12})K_{1\alpha}+(E_{21}-E_{22})K_{2\alpha}]J_\alpha \quad (4.15)$$

(3.5):
$$\frac{\mu_{1e}}{T_e}-\frac{\mu_{1st}}{T_{st}} = K_1\dot{u}+(K_{11}-K_{12})\dot{\gamma}_1+(K_{u11}K_{1\alpha}+K_{u12}K_{2\alpha})J_{u\alpha}+ +[(K_{111}-K_{112})K_{1\alpha}+(K_{121}-K_{122})K_{2\alpha}]J_\alpha+K_{01}\partial_\alpha v_\alpha, \quad (4.16a)$$

$$\frac{\mu_{2e}}{T_e}-\frac{\mu_{2st}}{T_{st}} = K_2\dot{u}+(K_{21}-K_{22})\dot{\gamma}_1+(K_{u21}K_{1\alpha}+K_{u22}K_{2\alpha})J_{u\alpha}+ +[(K_{211}-K_{212})K_{1\alpha}+(K_{221}-K_{222})K_{2\alpha}]J_\alpha+K_{02}\partial_\alpha v_\alpha \quad (4.16b)$$

(3.7):
$$\partial_\alpha\frac{1}{T_e} = WJ_{u\alpha}+W_uJ_\alpha \quad ,\alpha=1,2,3 \quad (4.17)$$

(3.8):
$$\frac{1}{T_e}(F_{1\alpha}-F_{2\alpha}) = \partial_\alpha\frac{1}{T_e}(\mu_{1e}-\mu_{2e}) = W_uJ_{u\alpha}+DJ_\alpha \quad (4.18)$$

(3.9):
$$\frac{P_{st}}{T_{st}}-\frac{P}{T} = E_0\dot{u}+(R_1-R_2)\dot{\gamma}_1+(R_{u1}K_{1\alpha}+R_{u2}K_{2\alpha})J_{u\alpha}+ +[(R_{11}-R_{12})K_{1\alpha}+(R_{21}-R_{22})K_{2\alpha}]J_\alpha, \quad (4.19)$$

(2.26a):
$$\frac{1}{T_e} = \frac{1}{T_{st}}+\vartheta_{uT}\left(\frac{1}{T_{st}}-\frac{1}{T}\right)+\sum_{i=1}^{2}\vartheta_{u\mu i}\left(\frac{\mu_i}{T}-\frac{\mu_{ist}}{T_{st}}\right)+ +\sum_{i=1}^{2}(\vartheta_{ui}K_{i\alpha}J_{u\alpha}+(\vartheta_{u1i}-\vartheta_{u2i})K_{i\alpha}J_\alpha)+3\vartheta_{up}(P-P_{st}),$$

$$\frac{\mu_{1e}}{T_e} = \frac{\mu_{1st}}{T_{st}}+\vartheta_{1T}\left(\frac{1}{T_{st}}-\frac{1}{T}\right)+\sum_{i=1}^{2}\vartheta_{1\mu i}\left(\frac{\mu_i}{T}-\frac{\mu_{ist}}{T_{st}}\right)+ +\sum_{i=1}^{2}(\vartheta_{1ui}K_{i\alpha}J_{u\alpha}+(\vartheta_{11i}-\vartheta_{12i})K_{i\alpha}J_\alpha)+ +3\vartheta_{1p}(P-P_{st}), \quad (4.21a)$$

(2.26b):
$$\frac{\mu_{2e}}{T_e} = \frac{\mu_{2st}}{T_{st}}+\vartheta_{2T}\left(\frac{1}{T_{st}}-\frac{1}{T}\right)+\sum_{i=1}^{2}\vartheta_{2\mu i}\left(\frac{\mu_i}{T}-\frac{\mu_{ist}}{T_{st}}\right)+ +\sum_{i=1}^{2}(\vartheta_{2ui}K_{i\alpha}J_{u\alpha}+(\vartheta_{21i}-\vartheta_{22i})K_{i\alpha}J_\alpha)+ +3\vartheta_{2p}(P-P_{st}). \quad (4.21b)$$

Wir wollen aus diesen Gleichungen eine allgemeine Diffusionsgleichung, also eine Beziehung zwischen dem Diffusionsstrom und den ihn hervorrufenden dynamischen und thermodynamischen Kräften ableiten. Nach (4.18) gilt zunächst:

$$D J_\alpha = -\partial_\alpha \frac{\mu_{1e}-\mu_{2e}}{T_e} - W_u J_{u\alpha} + \frac{1}{T_e}(F_{1\alpha} - F_{2\alpha}). \qquad (4.18')$$

Wir machen nun die Annahme, der betrachtete thermodynamische Prozeß verlaufe stets in einer gewissen Umgebung eines thermostatischen Gleichgewichtszustandes, so daß alle Materialkoeffizienten E ... $\mathfrak{S}_{2T}$ praktisch als konstant angesehen werden können.

Subtrahiert man (4.21b) von (4.21a), so folgt für den 1. Term auf der rechten Seite von (4.18):

$$\begin{aligned} \partial_\alpha \frac{\mu_{1e}-\mu_{2e}}{T_e} = {} & \partial_\alpha \frac{\mu_{1st}-\mu_{2st}}{T_{st}} + \\ & + (\mathfrak{S}_{1T} - \mathfrak{S}_{2T})\,\partial_\alpha\left(\frac{1}{T_{st}} - \frac{1}{T}\right) + \qquad (4.22) \\ & + (\mathfrak{S}_{1\mu_1} - \mathfrak{S}_{2\mu_1})\,\partial_\alpha\left(\frac{\mu_1}{T} - \frac{\mu_{1st}}{T_{st}}\right) + (\mathfrak{S}_{1\mu_2} - \mathfrak{S}_{2\mu_2})\,\partial_\alpha\left(\frac{\mu_2}{T} - \frac{\mu_{2st}}{T_{st}}\right) + \\ & + [(\mathfrak{S}_{1u_1} - \mathfrak{S}_{2u_1})K_{1\beta} + (\mathfrak{S}_{1u_2} - \mathfrak{S}_{2u_2})K_{2\beta}]\,\partial_\alpha J_{u\beta} + \\ & + [(\mathfrak{S}_{1u_1} - \mathfrak{S}_{2u_1})\,\partial_\alpha K_{1\beta} + (\mathfrak{S}_{1u_2} - \mathfrak{S}_{2u_2})\,\partial_\alpha K_{2\beta}]\,J_{u\beta} + \\ & + (\mathfrak{S}_1' K_{1\beta} + \mathfrak{S}_2' K_{2\beta})\,\partial_\alpha J_\beta + (\mathfrak{S}_1'\,\partial_\alpha K_{1\beta} + \mathfrak{S}_2'\,\partial_\alpha K_{2\beta})\,J_\beta + \\ & + 3(\mathfrak{S}_{1p} - \mathfrak{S}_{2p})(P - P_{st}), \end{aligned}$$

Abkürzung: $\mathfrak{S}_i' = \mathfrak{S}_{11i} - \mathfrak{S}_{12i} - \mathfrak{S}_{21i} + \mathfrak{S}_{22i}$.

Der Term $\partial_\alpha [(\mu_{1st} - \mu_{2st})/T_{st}]$ verschwindet im thermostatischen Gleichgewicht von 1. Ordnung, alle übrigen Terme aber von 2. Ordnung.

Faßt man die μ_{ist} nicht als Funktionen von u, ϱ, γ_1^e, sondern vielmehr als Funktion von $T_{st}, P_{st}, \gamma_1^e$ auf, so gilt:

$$\partial_\alpha \frac{\mu_{1st}-\mu_{2st}}{T_{st}} = (\mu_{1st}-\mu_{2st})\partial_\alpha \frac{1}{T_{st}} +$$

$$+ \frac{1}{T_{st}}\Big[\frac{\partial}{\partial T_{st}}(\mu_{1st}-\mu_{2st})\partial_\alpha T_{st} + \tag{4.22a}$$

$$+ \frac{\partial}{\partial P_{st}}(\mu_{1st}-\mu_{2st})\partial_\alpha P_{st} + \frac{\partial}{\partial \gamma_1}(\mu_{1st}-\mu_{2st})\partial_\alpha \gamma_1\Big]$$

$$= (\mu_{1st}-\mu_{2st})\partial_\alpha \frac{1}{T_{st}} + T_{st}\Big(\frac{\partial s_{st}}{\partial \gamma_1}\Big)_{TP}\partial_\alpha \frac{1}{T_{st}} +$$

$$+ \frac{1}{T_{st}}\Big(\frac{\partial}{\partial \gamma_1}\frac{1}{\varrho_1}\Big)_{TP}\partial_\alpha P_{st} + \frac{1}{T_{st}(1-\gamma_1)}\Big(\frac{\partial \mu_{1st}}{\partial \gamma_1}\Big)\partial_\alpha \gamma_1^e .$$

Dabei sind die Gibbssche Beziehung

$$g_{st} = g_{st}(T_{st}, P_{st}, \gamma_1^e)$$

$$d g_{st} = - s_{st} dT_{st} + \frac{1}{\varrho} dP_{st} + (\mu_{1st}-\mu_{2st}) d\gamma_1^e$$

und die Gibbs-Duhem Relation

$$g_{st} = \gamma_1^e \mu_{1st} + \gamma_2^e \mu_{2st}$$

verwendet worden.

Für den 2. Term auf der rechten Seite von (4.18) gilt nach (4.17):

$$W_u J_{u\alpha} = \frac{W_u}{W}\partial_\alpha \frac{1}{T_e} - \frac{W_u^2}{W} J_\alpha . \tag{4.23}$$

Ferner ist nach (4.20)

$$
\begin{aligned}
\partial_\alpha \frac{1}{T_e} = \partial_\alpha \frac{1}{T_{st}} &+ \\
&+ \vartheta_{uT}\, \partial_\alpha \left(\frac{1}{T_{st}} - \frac{1}{T} \right) + \sum_{i=1}^{2} \vartheta_{u\mu i}\, \partial_\alpha \left(\frac{\mu_i}{T} - \frac{\mu_{ist}}{T_{st}} \right) + \\
&+ \sum_{i=1}^{2} \left(\vartheta_{ui} K_{i\beta}\, \partial_\alpha J_{u\beta} + \vartheta_{ui} (\partial_\alpha K_{i\beta}) J_{u\beta} \right) + \\
&+ \sum_{i=1}^{2} \left[(\vartheta_{u1i} - \vartheta_{u2i}) (K_{i\beta}\, \partial_\alpha J_\beta + (\partial_\alpha K_{i\beta}) J_\beta \right] + \\
&+ 3\, \vartheta_{up}\, \partial_\alpha (P - P_{st}) . \qquad (4.24)
\end{aligned}
$$

Nur der Term $\partial_\alpha (1/T_{st})$ verschwindet im thermodynamischen Gleichgewicht von 1. Ordnung, alle anderen Terme von 2. Ordnung.

Wir setzen nun die Beziehungen (4.22,22a,23,24,20) in (4.18') ein und erhalten nach einfachen Umformungen:

$$
\begin{aligned}
&\left(D - \frac{W_u^2}{W} \right) J_\alpha - (K_{1\alpha} - K_{2\alpha}) (\vartheta_{1T} K_{1\beta} + \vartheta_{2T} K_{2\beta}) J_\beta - \\
&\qquad - \sum_{i=1}^{2} \vartheta_i \left(K_{i\beta}\, \partial_\alpha J_\beta + \partial_\alpha K_{i\beta} \cdot J_\beta \right) + \mathcal{O}(3) = \\
&= \frac{1}{T_{st}} (K_{1\alpha} - K_{2\alpha}) + \left[\frac{\mu_{1st} - \mu_{2st}}{T_{st}} + \frac{1}{T_{st}} \left(\frac{\partial s_{st}}{\partial \gamma_1} \right)_{PT} + \frac{W_u}{T_{st}^2 W} \right] \partial_\alpha T_{st} + \\
&+ \frac{1}{\varrho^2 T_{st}} \left(\frac{\partial \varrho}{\partial \gamma_1} \right)_{PT} \partial_\alpha P_{st} - \frac{1}{T_{st}(1-\gamma_1)} \left(\frac{\partial \mu_{1st}}{\partial \gamma_1} \right)_{PT} \partial_\alpha \gamma_1 + \\
&+ \vartheta_T\, \partial_\alpha \left(\frac{1}{T_{st}} - \frac{1}{T} \right) + \sum_{i=1}^{2} \vartheta_{i\mu}\, \partial_\alpha \left(\frac{\mu_i}{T} - \frac{\mu_{ist}}{T_{st}} \right) + \qquad (4.25) \\
&+ \sum_{i=1}^{2} \vartheta_{iu} \left(\partial_\alpha K_{i\beta} J_{u\beta} + K_{i\beta}\, \partial_\alpha J_{u\beta} \right) + \vartheta_p\, \partial_\alpha (P - P_{st}) + \\
&+ (K_{1\alpha} - K_{2\alpha}) \left[\vartheta_{uT} \left(\frac{1}{T_{st}} - \frac{1}{T} \right) + \sum_{i=1}^{2} \vartheta_{u\mu i} \left(\frac{\mu_i}{T} - \frac{\mu_{ist}}{T_{st}} \right) + \right. \\
&\left. + \sum_{i=1}^{2} \vartheta_{ui} K_{i\beta} J_{u\beta} + \vartheta_{pT} (P - P_{st}) \right] + \mathcal{O}(3) , \quad \alpha = 1,2,3 .
\end{aligned}
$$

Abkürzungen

$$\vartheta_T = -\vartheta_{1T} + \vartheta_{2T} - (W_u/W)\,\vartheta_{uT}\;,$$
$$\vartheta_{i\mu} = -\vartheta_{1\mu i} + \vartheta_{2\mu i} - (W_u/W)\,\vartheta_{u\mu i}\;,$$
$$\vartheta_{iu} = -\vartheta_{1ui} + \vartheta_{2ui} - (W_u/W)\,\vartheta_{ui}\;,$$
$$\vartheta_i = -\vartheta_i' + (W_u/W)(-\vartheta_{u1i} + \vartheta_{u2i})$$

$$\vartheta_p = 3\left(-\vartheta_{1p} + \vartheta_{2p} - (W_u/W)\,\vartheta_{up}\right),$$
$$\vartheta_{iT} = \vartheta_{u1i} - \vartheta_{u2i}\;, \quad i = 1,2$$
$$D - (W_u^2/W) \geq 0 \quad \ldots (\text{Vgl. } 3.20).$$

Zur Deutung der einzelnen Terme empfiehlt es sich, Spezialfälle dieser Gleichung anzuschreiben:

a) Die äußeren Kräfte auf die Masseneinheiten der einzelnen Komponenten seien gleich.

$$K_{1\alpha} = K_{2\alpha} = K_\alpha .$$

Dann wird aus (4.25)

$$(D - W_u^2/W)J_\alpha - (\vartheta_1 + \vartheta_2)\left[K_\beta \partial_\alpha J_\beta + \partial_\alpha K_\beta \cdot J_\beta\right] + \vartheta(3) =$$

$$= \frac{1}{T_{st}^2}\left[\mu_{1st} - \mu_{2st} + T_{st}\left(\frac{\partial s_{st}}{\partial \gamma_1}\right)_{PT} + \frac{W_u}{W}\right]\partial_\alpha T_{st} +$$
$$+ \frac{1}{\vartheta^2}\left(\frac{\partial \vartheta}{\partial \gamma_1}\right)_{PT}\partial_\alpha P_{st} - \frac{1}{T_{st}(1-\gamma_1)}\left(\frac{\partial \mu_{1st}}{\partial \gamma_1}\right)_{PT}\partial_\alpha \gamma_1 + \qquad (4.25a)$$
$$+ \vartheta_T \partial_\alpha\left(\frac{1}{T_{st}} - \frac{1}{T}\right) + \sum_{i=1}^{2} \vartheta_{i\mu}\,\partial_\alpha\left(\frac{\mu_i}{T} - \frac{\mu_{ist}}{T_{st}}\right) +$$
$$+ (\vartheta_{1u} + \vartheta_{2u})\left[K_\beta \partial_\alpha J_{u\beta} + \partial_\alpha K_\beta \cdot J_{u\beta}\right] + \vartheta_p \partial_\alpha (P - P_{st}).$$

Sind keine äußeren Kräfte vorhanden $(K_\alpha = 0)$, so verschwinden die unterstrichenen Terme.

b) Das System sei im inneren thermodynamischen Gleichgewicht: $T = T_{st}$, $\mu_i = \mu_{ist}$, $P = P_{st}$. Dann fallen in (4.25) alle Terme 2. Ordnung weg:

$$(D - W_u^2/W) J_\alpha = \frac{1}{T_{st}} (F_{1\alpha} - F_{2\alpha}) + \tag{4.25b}$$
$$+ \frac{1}{T_{st}^2} \left[\mu_{1st} - \mu_{2st} + T_{st} \left(\frac{\partial s_{st}}{\partial \gamma_1} \right)_{PT} + \frac{W_u}{W} \right] \partial_\alpha T_{st} +$$
$$+ \frac{1}{\rho^2} \left(\frac{\partial \rho}{\partial \gamma_1} \right)_{PT} \partial_\alpha P_{st} - \frac{1}{T_{st}(1-\gamma_1)} \left(\frac{\partial \mu_{1st}}{\partial \gamma_1} \right)_{PT} \partial_\alpha \gamma_1 .$$

Dies ist die gewöhnliche Diffusionsgleichung.

Der Diffusionsstrom wird in 1. Näherung durch äußere Kräfte, durch den Temperaturgradienten, den Druckgradienten und den Konzentrationsgradienten hervorgerufen. Fehlen äußere Kräfte und ist das System isotherm und isobar, so folgt aus (4.25b) das 1. Ficksche Gesetz

$$J_\alpha = D_{iff.} \partial_\alpha \gamma_1$$

mit

$$D_{iff} = \frac{1}{1-\gamma_1} \left(\frac{\partial \mu_{1st}}{\partial \gamma_1} \right)_{TP} / T_{st}(D - W_u^2/W) > 0 .$$

Ist das System aber nicht im inneren Gleichgewicht, so muß anstelle der Gleichung (4.25b) die allgemeinere Beziehung (4.25) verwendet werden. Die Terme 2.Ordnung auf der rechten Seite dieser Gleichung liefern dynamische Beiträge zum Diffusionsstrom die einerseits durch die Gradienten der Differenzen zwischen den dynamischen

und den begleitenden thermostatischen Intensivparametern, andererseits durch Koppelung dieser Differenzen an die äußeren Kräfte hervorgerufen werden. Daneben treten noch Terme auf, welche die Diffusionsströme beschreiben, die durch die Wechselwirkung der äußeren Kräfte mit dem Diffusionsstrom selbst, mit seinem Vektorgradienten bzw. mit dem Wärmestrom und dessen Vektorgradienten hervorgerufen werden.
Alle diese thermodynamischen Effekte 2. Ordnung können erfahrungsgemäß bei Prozessen, die stets sehr nahe an einem thermostatischen Gleichgewichtszustand verlaufen, vernachlässigt werden.
Es ist aber zu erwarten, daß diese Effekte bei Prozessen, die weit weg vom thermodynamischen Gleichgewicht ablaufen, z.B. bei Diffusionserscheinungen in Stoßwellen oder turbulenten Strömungen, sehr wohl in Erscheinung treten und nichtmehr vernachlässigt werden dürfen.

Anhang

Wir wollen in diesem Anhang folgenden Satz beweisen: +) ++)

V1: Seien $g_i(u, v)$, $i = \ldots N$ eindeutige und stetige Funktionen der Vektoren $u, v \in R^{N+1}$.

D: $$\Psi_N(x(t), \dot{x}(t)) = \sum_{i=0}^{N} \dot{x}_i(t)\, g_i(x(t), \dot{x}(t)) \qquad (A.1)$$
$$x(t) = (x_0(t) \ldots\ldots x_N(t)) \in R^{N+1} \qquad (A.2)$$

V2: $$\int_{-\infty}^{\infty} \Psi_N(x(t), \dot{x}(t))\, dt \geq 0 \ldots \text{alle } x(t) \text{ mit } \dot{x}(t) \in C^{(-1)}.$$

$C^{(-1)}$... Raum aller in $-\infty < t < \infty$ reellen, eindeutigen, beschränkten und stückweise stetigen Funktionen $f(t)$ für welche $\lim_{t \to \pm\infty} t^n f(t) = 0$, $n = 1, 2, 3 \ldots$ gilt.

Beispiel: $f(t) = e^{-\alpha |t|}$, $\alpha > 0$.

A1: $$g_i(u, 0) = 0, \quad i = 0 \ldots N, \text{ alle } u \in R^{N+1},$$

A2: $$\Psi_N(u, v) \geq 0, \quad N = 0, 1, 2 \ldots, \text{ alle } u, v \in R^{N+1}.$$

+) V: Voraussetzung, D:...Definition, A:.. Aussage, B:...Beweis.

++) Dieser mathematische Satz ist vom Verfasser angegeben und bewiesen worden. Die hier gebrachte Form des Beweises lehnt sich an den Beweis eines Spezialfalles dieses Satzes an, den H. KÖNIG (Saarbrücken) gegeben hat !

B: Ersetzt man in V2 die Integrationsvariable $t \to \lambda t$ mit $\lambda > 0$, so folgt

$$\int_{-\infty}^{\infty} \Psi_N(x(t), \lambda \dot{x}(t))\, dt \geq 0 \ldots \text{alle } \dot{x}(t) \in C^{(-1)}. \quad (A.3)$$

Diese Ungleichung muß auch für folgende Testfunktionen gelten:

$$x_i(t) = x_{i0} = \text{const} \ldots \text{alle } i \neq j,\ i = 0 \ldots N$$

$$\dot{x}_j(t) = 0 \ \ldots \ t < t_0,\ t_1 < t \ ;\ t_0 < t_1.$$

Aus (A.1), (A.3) folgt

$$\int_{t_0}^{t_1} \dot{x}_j(t)\, g_j(\ldots x_{i0} \ldots x_j(t), 0 \ldots \lambda \dot{x}_j(t) \ldots 0)\, dt \geq 0 \ ;$$

bzw. für $\lambda \to 0$ wegen VI

$$\int_{t_0}^{t_1} \dot{x}_j(t)\, g_j(x_{00} \ldots x_j(t) \ldots x_{N0}, 0 \ldots 0)\, dt \geq 0.$$

Da die Werte $x_{j0} = x_j(t_0)$, $x_{j1} = x_j(t_1)$ beliebig sind, folgt daraus

$$\int_{x_{j0}}^{x_{j1}} g_j(x_{00} \ldots x_j \ldots x_{N0}, 0 \ldots 0)\, dx_j = 0$$

bzw.

$$g_j(u, 0) = 0\ ,\ j = 0 \ldots N,\ \text{alle } u \in R^{N+1}. \quad (A.4)$$

Wir werden nun die Ungleichung (A.2) mit folgender Testfunktion aus:

$$\dot{x}(t) = \begin{cases} 0 & \ldots\ t < 0 \\ R/\varrho & \ldots\ 0 < t < \varrho \\ S & \ldots\ \varrho < t < \varrho+\sigma \\ 0 & \ldots\ \sigma < t \end{cases}$$

$$\varrho \geq 0,\ \sigma \geq 0,\ R, S \in R^{N+1}$$

Aus (A.2) folgt:

$$J_1 + J_2 \geq 0,$$

$$J_1 = \varrho \int_0^1 dt'\, \Psi_N(Rt', \frac{R}{\varrho}),$$

$$J_2 = \sigma \int_0^1 dt'\, \Psi_N(R + S\sigma t', S).$$

Wir gehen in J_1 zum Grenzwert $\varrho \to \infty$ über. Aus VI, (A.1,4) folgt:

$$\lim_{\varrho \to \infty} J_1 = 0 .$$

Daher gilt:

$$\int_0^1 dt'\, \Psi_N(R + S\sigma t', S) \geq 0.$$

Für $\sigma \to 0$ folgt daraus wegen VI

$$\mathcal{L}_N(R,S) \geq 0 \qquad (A.5)$$

für beliebige Vektoren R, $S \in R^{N+1}$, $N=0,1,2...$ was zu beweisen war.

Der im Kapitel 3 verwendete Satz ergibt sich aus (2.30) mit (2.33-38) und (2.2), wenn man $N = 4n+r+12$ setzt und für die $x_i(t)$, $g_i(x,\dot{x})$ folgende Wahl trifft:

$$\begin{array}{llll}
x_0 = u & & g_0 = F_0(\dot{x}) & \\
x_i = \gamma_i & & g_i = F_i^{(\mu)}(\dot{x}), & i = 1 \ldots n \\
x_{n+k} = T_k & & g_{n+k} = \frac{1}{\varrho} F_k^{(A)}(\dot{x}), & k = 1 \ldots r \\
x_{n+r+i} = J_{i1} & & g_{n+r+i} = F_{i1}^{(k)}(\dot{x}), & \\
x_{2n+r+i} = J_{i2} & & g_{2n+r+i} = F_{i2}^{(k)}(\dot{x}), & \\
x_{3n+r+i} = J_{i3} & & g_{3n+r+i} = F_{i3}^{(k)}(\dot{x}), & \\
x_{4n+r+1} = J_{u1} & & g_{4n+r+1} = \frac{1}{\varrho} F_1(\dot{x}), & \\
x_{4n+r+2} = J_{u2} & & g_{4n+r+2} = \frac{1}{\varrho} F_2(\dot{x}), & \\
x_{4n+r+3} = J_{u3} & & g_{4n+r+3} = \frac{1}{\varrho} F_3(\dot{x}), & \\
 & & & \\
x_{s+1} = F_{11} & & g_{s+1} = \frac{1}{\varrho} \sum_{\alpha=1}^{3} (F^{-1})_{1\alpha} F_{\alpha 1}^{(P)}(\dot{x}) & \\
x_{s+2} = F_{12} & & g_{s+2} = \frac{1}{\varrho} \sum_{\alpha=1}^{3} (F^{-1})_{1\alpha} F_{\alpha 2}^{(P)}(\dot{x}) & \\
\ldots & & \ldots \quad \ldots \quad \ldots &
\end{array}$$

$$\begin{array}{llll} \cdots & \cdots & \cdots & \cdots \\ x_{s+3} & = F_{33} & \vartheta_{s+3} & = \frac{1}{\varrho}\sum_{\alpha=1}^{3} (F^{-1})_{3\alpha} F_{\alpha 3}^{(p)}(\gamma), \end{array}$$

$$s := 4n + r + 3 \; .$$

Die Aussage (A.4) liefert die Kausalitätsbedingung bzw. die thermostatische Gleichgewichtsbedingung (3.1).

Die Aussage (A,.5) führt auf (3.20) bzw. (3.21).

Literaturverzeichnis

1) CLAUSIUS,R.: Annalen der Physik und Chemie. Hrsg. J.C. Poggendorf, 5.Reihe,Bd.5,Leipzig: J.A. Barth. 1865

2) BOLZMANN,L.: Lectures on Gas Theory. G.Brush Transl. Univ. Calif. Press, Berkeley 1964

3) PLANCK,M.: Vorlesungen über Thermodynamik. 11.Aufl. 1964, Berlin: W.de Gruyter Co.

4) ZEMANSKY,M.W.:Heat and Thermodynamics. 4. Aufl. New York: Mc Graw Hill. 1957

5) FALK,G.und H.Jung: Hdb. d. Physik, Bd. III/2, S.119, Ed. S. Flügge. Berlin: Springer-Verlag, 1959

6) MÜNSTER,A.: Chemische Thermodynamik. Weinheim: Vlg. Chemie 1969, S. 34

7) BUCHDAHL,H.A.:The concepts of classical thermodynamics. Cambridge University Press, 1966.

8) GILES,R.: Mathematical foundations of thermodynamics. S. 237 Oxford: Pergamon Press, 1964.

9) SCHOTTKY,W.: Thermodynamik. Berlin: Springer-Verlag, 1929, Nachdruck 1973 .

10) SOMMERFELD,A.: Vorlesungen über Theoretische Physik. Bd.V,Leipzig: Akademische Vlgs.-Ges. Geest & Portig, 1965

11) MEIXNER,J.: Z. Physik 219/79, 1969

12) KELLER,J.: Z.Naturforschung 24a/1889 (1969)

12a) KELLER,J.: Physica 46/451 (1970)

13) MEIXNER,J.und H.G.Reik: Hdb.d.Physik III/2, S. 413, Ed.S.Flügge.Berlin:Springer-Verlag. 1959

14) DE GROOT,S.R. and P.MAZUR: Non-Equilibrium Thermodynamics. Amsterdam: North-Holland Publ.Comp.1962

15) HAASE,R.: Thermodynamik der irreversiblen Prozesse Darmstadt: F. Steinkopf. 1963

16) TRUESDELL,C.and W.NOLL: Hdb.der Physik, Bd.III/3 S.1, Ed.S. Flügge, Berlin: Springer-Verlag, 1965

17) COLEMAN,B.D.and W.NOLL: Arch. Rat. Mech.Anal. 13/167 (1963)

18) COLEMAN,B.D.: Arch. Rat. Mech.Anal. 17/1-230 (1964)

18a) COLEMAN,B.D.and V.J.MIZEL: Arch. Rat. Mech.Anal. 27/255 (1968)

18b) CROCHET,M.J.and P.M.NAGHDI: IUTAM Symposium on Thermoinelasticity. East Killbridge 1968, S. 59, Ed.B.A.Boley Wien: Springer-Verlag 1970

19) KELLER,J.U.: Ein Beitrag zur Thermodynamik der Vorgänge in fluiden Systemen I.Physica, 53/602 (1971)

20) MEIXNER,J.: Beziehungen zwischen Netzwerktheorie und Thermodynamik. Arbeitsgemeinschaft für Forschung des Landes Nordrhein-Westfalen. Opladen:Westdeutscher Verlag Köln und Opladen, Heft 181, S.7 (1968)

MEIXNER,J.: Querverbindungen zwischen Netzwerktheorie und Thermodynamik der Vorgänge. Jahrbuch des Landesamtes für Forschung (NRW) Westdeutscher Verlag Köln und Opladen, S. 413 (1967)

MEIXNER,J.: Rheologica Acta 7/8-13 (1968)

21) MEIXNER,J.: Die Thermodynamik irreversibler Prozesse, Physikal.Blätter 16/506 (1960)

22) LANGHAAR,H.L.: Dimensional Analysis and Theory of Models. New York: J. Wiley & Sons, 1951

23) BRIDGMANN,P.W.and H.HOLL: Theorie der physikalischen Konstanten. Berlin:Teubner,1932

24) WEYL,H.: The Classical Groups. S.45, 53 ff. Princeton University Press, 1946

25) HACKENBROCH,W.:Integration nach operatorwertigen Maßen und passive lineare Transformationen. Dissertation, Universität Saarbrücken (1967)

26) KELLER,J.U.: Ein Beitrag zur Thermodynamik fluider Systeme II. (In Vorbereitung, Physica 1971)

Der Verfasser dankt Herrn Professor Dr. H. Knapp (Berlin), Herrn Professor Dr. E. Ledinegg (Graz) und Herrn Professor Dr. C. S. Yih (Ann Arbor) für Diskussion.

Herrn Professor Dr. W. Muschik (Berlin) sei besonders für sein fachliches und persönliches Interesse an der Arbeit, für Anregungen, Bemerkungen, wertvolle Kritik und Diskussionen zu den Grundlagen der Thermodynamik der Vorgänge gedankt.

Ferner dankt der Verfasser allen Kollegen des ehemaligen Aachener und des Berliner Institutes mit denen er fachlich Diskussionen führen durfte.

Ferner danke ich Frau R. Dulinski und Frau I. Weise (Berlin) für das sorgfältige Tippen des Manuskriptes. Dem Verlag W. de Gruyter, Berlin, vertreten durch Herrn Dr. R. Weber, danke ich für die Unterstützung bei der Vervielfältigung der Schrift.

Die vorliegende Arbeit ist in der Zeit von Oktober 1970 bis Juni 1971 am Institut für Theoretische Physik der Technischen Hochschule Aachen angefertigt worden. Sie ist im Monat September 1974 am Institut für Thermodynamik der Technischen Universität Berlin nach Anregungen von Herrn Professor Dr. H.Knapp und Herrn Professor Dr. W.Muschik an einigen Stellen vom Verfasser ergänzt worden.

Auszüge dieser Arbeit sind in der Zeitschrift "Acta Physica Austriaca" 35 (1972), 321 - 330 publiziert worden.

Ass.-Professor
Mag.rer.nat.Dr.techn.
Jürgen Keller
Institut für Thermodynamik
Technische Universität Berlin
1000 Berlin 12
Straße des 17. Juni 135

Berlin, Oktober 1974

Lebenslauf

16.7.1938	geboren in Graz-Waltendorf, Österreich als Sohn des Hochschullehrers Dr.E.Keller und seiner Ehefrau Ingeborg Keller
1944-48	Besuch der Volksschule in Graz
1948-56	Besuch des Kepler-Gymnasiums in Graz
1956-59	Studium an der Technischen Hochschule in Graz, Fakultät für Bauingenieurwesen
1959-61	Studium an der Universität Graz, Lehramt an höheren Schulen, Mathematik, Physik, Chemie
1961-63	Studium an der Technischen Hochschule in Graz, Fakultät für Naturwissenschaften, Theoretische Physik Promotion 6.7.1963
1963-71	Wissenschaftlicher Assistent am Institut für Theoretische Physik der Technischen Hochschule Aachen, BRD

1971-72	Wissenschaftlicher Mitarbeiter am Institut für Technische Thermodynamik und am Sonderforschungsbereich 83 für Strömungsmechanik und Thermogasdynamik an der Technischen Hochschule Aachen
1972-	Assistenzprofessor am Institut für Thermodynamik der Technischen Universität Berlin
1973-74	Visiting Associate Professor University of Michigan, Ann Arbor, USA Dep. of Mechanical Engineering

MIX
Papier | Fördert gute Waldnutzung
FSC® C083411

Zeitfracht Medien GmbH
Ferdinand-Jühlke-Straße 7
99095 Erfurt, Deutschland
produktsicherheit@kolibri360.de